수학의 기본은 계산력, 정확성과 계산 속도를 높히는

《계산의 신》 시리즈

중도에 포기하는 학생은 있어도
끝까지 풀었을 때 신의 경지에 오르지 않는 학생은 없습니다!

꼭 있어야 할 교재, 최고의 교재를 만드는 '꿈을담는틀'에서
신개념 초등 계산력 교재 《**계산의 신**》을 한층 업그레이드 했습니다.

초등 수학은 마구잡이 공부보다 체계적 학습이 중요합니다.
KAIST 출신 수학 선생님들이 집필한 특별한 교재로
하루 10분씩 꾸준히 공부해 보세요.
어느 순간 계산의 신(神)의 경지에 올라 있을 것입니다.

부모님이 자녀에게, 선생님이 제자에게
이 교재를 **선물**해 주세요.

__________가 __________에게

왜? 계산력 교재는 〈계산의 신〉이 가장 좋은가?

1 요즘엔 초등 계산법 책이 너무 많아서 어떤 책을 골라야 할지 모르겠어요!

기존의 계산력 문제집은 대부분 저자가 '연구회 공동 집필'로 표기되어 있습니다. 반면 꿈을담는틀의 《계산의 신》은 KAIST 출신의 수학 선생님이 공동 저자로, 아이들을 직접 가르쳤던 경험을 담아 만든 '엄마, 아빠표 문제집'입니다. 수학 교육 분야의 뛰어난 전문성과 교육 경험을 두루 갖추고 있어 믿을 수 있습니다.

2 영어는 해외 연수를 가면 된다지만, 수학 공부는 대체 어떻게 해야 하죠?

영어 실력을 키우려고 해외 연수 다니는 것을 본 게 어제오늘 일이 아니죠? 반면 수학은 어떨까요? 수학에는 왕도가 없어요. 가장 중요한 건 매일 조금씩 꾸준히 연마하는 것뿐입니다. 《계산의 신》에 나오는 A와 B, 두 가지 유형의 문제를 풀면서 자연스럽게 수학의 기초를 닦아 보세요. 초등 계산법 완성을 향한 즐거운 도전을 시작할 수 있습니다.

3 아이들이 스스로 공부할 수 있는 교재인가요?

《계산의 신》은 아이들이 스스로 생각하고 계산할 수 있도록 구성되어 있습니다. 핵심 포인트를 보며 유형을 파악하고, 문제를 푼 후에 스스로 자신의 풀이를 평가할 수 있습니다. 부담 없는 분량, 친절한 설명과 예시, 두 가지 유형 반복 학습과 실력 진단 평가는 아이들이 교사나 부모님에게 기대지 않고, 스스로 학습하는 힘을 길러 줄 것입니다.

4 정확하게 푸는 게 중요한가요, 빠르게 푸는 게 중요한가요?

물론 속도를 무시할 순 없습니다. 그러나 그에 앞서 선행되어야 하는 것이 바로 '정확성'입니다. 《계산의 신》은 예시와 함께 해당 연산의 핵심 포인트를 짚어 주며 문제를 정확하게 이해할 수 있도록 도와줍니다. '스스로 학습 관리표'는 문제 풀이 속도를 높이는 데에 동기부여가 될 것입니다. 《계산의 신》과 함께 정확성과 속도, 두 마리 토끼를 모두 잡아 보세요.

5 학교 성적에 도움이 될까요?
수학 교과서와 친해질 수 있나요?

재미와 속도, 정확성 모두 중요하지만 무엇보다 '학교 성적'에 얼마나 도움이 되느냐가 가장 중요하겠지요? 《계산의 신》은 최신 교육 과정을 100% 반영한 단계별 학습으로 구성되어 있습니다. 따라서 《계산의 신》을 꾸준히 학습하면 자연스럽게 '수학 교과서'와 친해져 학교 성적이 올라갈 것입니다.

6 문제를 다 풀어 놓고도
아이가 자꾸 기억이 안 난다고 해요.

《계산의 신》에는 두 가지 유형 반복 학습 외에도 세 단계마다 자신이 푼 문제를 복습하는 '세 단계 묶어 풀기'가 있고, 마지막에는 교재 전체 내용을 한 번 더 복습할 수 있는 '전체 묶어 풀기'가 있습니다. 풀었던 문제들을 다시 묶어서 풀며, 예전에 학습했던 계산 문제들을 완전히 자신의 것으로 만들 수 있습니다.

KAIST 출신 수학 선생님들이 집필한

계산의 신 神

송명진·박종하 지음

4

초등

2학년 2학기

네 자리 수/ 곱셈구구

권별 학습 구성

초등1	1권 | 자연수의 덧셈과 뺄셈 기본 (1)
001단계	수를 가르고 모으기
002단계	합이 9까지인 덧셈
003단계	차가 9까지인 뺄셈
	세 단계 묶어 풀기
	재미있는 수학이야기
004단계	덧셈과 뺄셈
005단계	10을 가르고 모으기
006단계	10의 덧셈과 뺄셈
	세 단계 묶어 풀기
	창의력 쑥쑥! 수학퀴즈
007단계	연이은 덧셈, 뺄셈
008단계	19까지의 수 모으고 가르기
009단계	(몇십)+(몇), (몇)+(몇십)
	세 단계 묶어 풀기
	창의력 쑥쑥! 수학퀴즈
010단계	(몇십 몇)±(몇)
	전체 묶어 풀기
	창의력 쑥쑥! 수학퀴즈

초등1	2권 | 자연수의 덧셈과 뺄셈 기본 (2)
011단계	(몇십)±(몇십)
012단계	(몇십 몇)+(몇십 몇)
013단계	(몇십 몇)−(몇십 몇)
	세 단계 묶어 풀기
	창의력 쑥쑥! 수학퀴즈
014단계	받아올림/받아내림이 없는 덧셈과 뺄셈 종합
015단계	세 수의 덧셈과 뺄셈
016단계	연이은 덧셈, 뺄셈
	세 단계 묶어 풀기
	창의력 쑥쑥! 수학퀴즈
017단계	받아올림이 있는 (몇)+(몇)
018단계	받아내림이 있는 (십몇)−(몇)
019단계	받아올림/받아내림이 있는 덧셈과 뺄셈 종합
	세 단계 묶어 풀기
	창의력 쑥쑥! 수학퀴즈
020단계	계산의 활용–규칙찾기
	전체 묶어 풀기
	재미있는 수학이야기

초등2	3권 | 자연수의 덧셈과 뺄셈 발전
021단계	(두 자리 수)+(한 자리 수)
022단계	(두 자리 수)+(두 자리 수) (1)
023단계	(두 자리 수)+(두 자리 수) (2)
	세 단계 묶어 풀기
	창의력 쑥쑥! 수학퀴즈
024단계	(두 자리 수)−(한 자리 수)
025단계	(몇십)−(두 자리 수)
026단계	(두 자리 수)−(두 자리 수)
	세 단계 묶어 풀기
	창의력 쑥쑥! 수학퀴즈
027단계	두 자리 수의 덧셈과 뺄셈 종합
028단계	덧셈, 뺄셈의 여러 가지 방법
029단계	덧셈과 뺄셈의 관계
	세 단계 묶어 풀기
	창의력 쑥쑥! 수학퀴즈
030단계	세 수의 혼합 계산
	전체 묶어 풀기
	창의력 쑥쑥! 수학퀴즈

초등2	4권 | 네 자리 수/ 곱셈구구
031단계	네 자리 수
032단계	각 자리의 숫자가 나타내는 값
033단계	뛰어 세기
	세 단계 묶어 풀기
	창의력 쑥쑥! 수학퀴즈
034단계	같은 수 여러 번 더하기
035단계	2, 5, 3, 4의 단 곱셈구구
036단계	6, 7, 8, 9의 단 곱셈구구 (1)
	세 단계 묶어 풀기
	창의력 쑥쑥! 수학퀴즈
037단계	6, 7, 8, 9의 단 곱셈구구 (2)
038단계	곱셈구구 종합 (1)
039단계	곱셈구구 종합 (2)
	세 단계 묶어 풀기
	창의력 쑥쑥! 수학퀴즈
040단계	계산의 활용–길이의 합과 차
	전체 묶어 풀기
	재미있는 수학이야기

초등3	5권 | 자연수의 덧셈과 뺄셈 / 곱셈과 나눗셈
041단계	(세 자리 수)+(세 자리 수) (1)
042단계	(세 자리 수)+(세 자리 수) (2)
043단계	(세 자리 수)−(세 자리 수) (1)
	세 단계 묶어 풀기
	재미있는 수학이야기
044단계	(세 자리 수)−(세 자리 수) (2)
045단계	나눗셈 기초
046단계	곱셈구구 범위에서의 나눗셈
	세 단계 묶어 풀기
	재미있는 수학이야기
047단계	(두 자리 수)×(한 자리 수) (1)
048단계	(두 자리 수)×(한 자리 수) (2)
049단계	길이의 덧셈과 뺄셈
	세 단계 묶어 풀기
	재미있는 수학이야기
050단계	시간의 합과 차
	전체 묶어 풀기
	창의력 쑥쑥! 수학퀴즈

초등3	6권 | 자연수의 곱셈과 나눗셈 발전
051단계	(세 자리 수)×(한 자리 수) (1)
052단계	(세 자리 수)×(한 자리 수) (2)
053단계	(두 자리 수)×(두 자리 수) (1)
	세 단계 묶어 풀기
	창의력 쑥쑥! 수학퀴즈
054단계	(두 자리 수)×(두 자리 수) (2)
055단계	(몇십)÷(몇), (몇백 몇십)÷(몇)
056단계	(두 자리 수)÷(한 자리 수) (1)
	세 단계 묶어 풀기
	재미있는 수학이야기
057단계	(두 자리 수)÷(한 자리 수) (2)
058단계	(두 자리 수)÷(한 자리 수) (3)
059단계	(세 자리 수)÷(한 자리 수)
	세 단계 묶어 풀기
	재미있는 수학이야기
060단계	들이와 무게의 덧셈과 뺄셈
	전체 묶어 풀기
	창의력 쑥쑥! 수학퀴즈

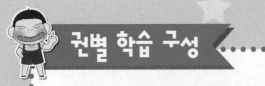

계산의 신 활용 가이드

1 매일 자신의 학습을 체크해 보세요.

매일 문제를 풀면서 맞힌 개수를 적고, 걸린 시간 만큼 '스스로 학습 관리표'에 색칠해 보세요. 하루하루 지날수록 실력이 자라고, 계산 속도가 빨라지는 것을 눈으로 확인할 수 있습니다.

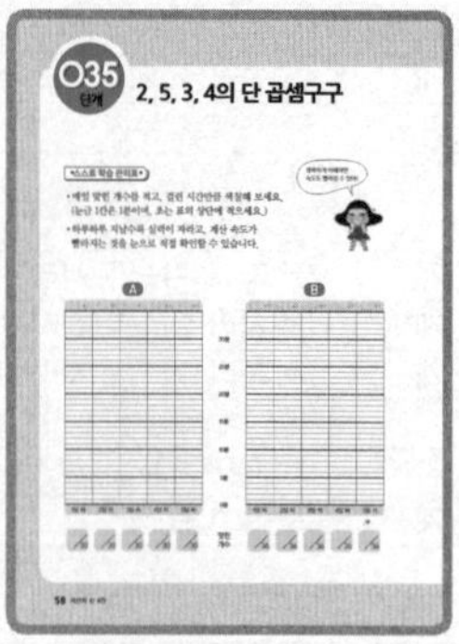

2 개념과 연산 과정을 이해하세요.

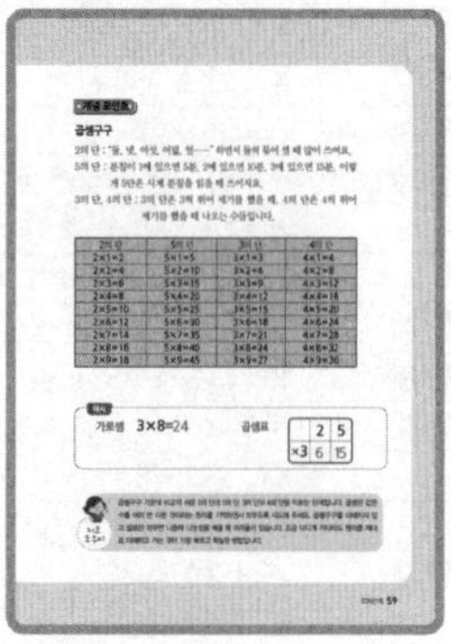

개념을 이해하고 예시를 통해 연산 과정을 확인하면 계산 과정에서 실수를 줄일 수 있어요. 또 아이의 학습을 도와주시는 선생님 또는 부모님을 위해 '지도 도우미'를 제시하였습니다.

3 매일 2쪽씩 꾸준히 반복 학습해 보세요.

매일 2쪽씩 5일 동안 차근차근 반복 학습하다 보면 어려운 문제도 두려움 없이 도전할 수 있습니다. 문제를 풀다가 계산 방법을 모를 때는 '개념 포인트'를 다시 한 번 학습한 후 풀어 보세요.

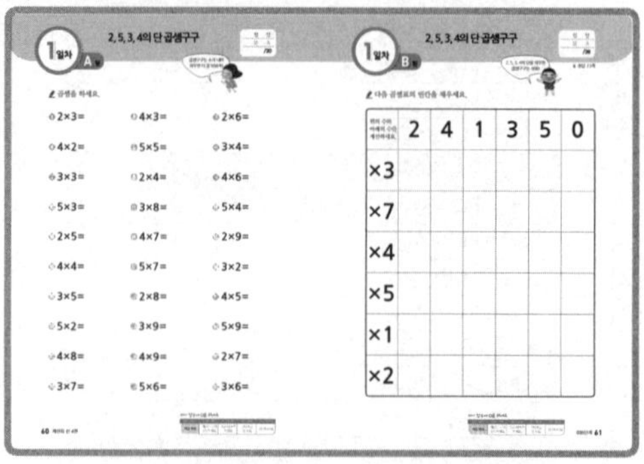

4 세 단계마다 또는 전체를 **묶어 복습**해 보세요.

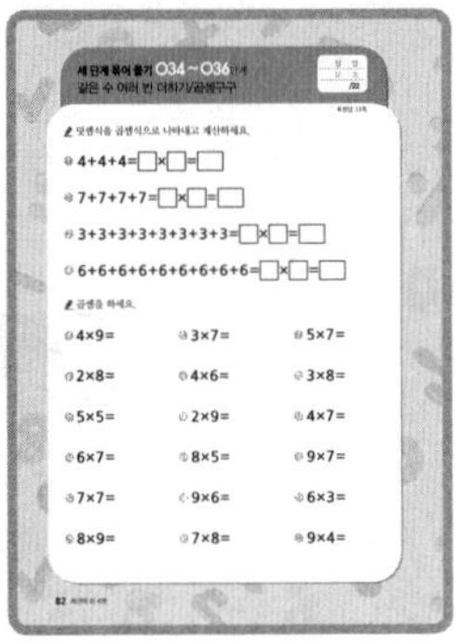

시간이 지나면 아이들은 학습했던 내용을 곧잘 잊어버리는 경향이 있어요. 그래서 세 단계마다 '묶어 풀기', 마지막에는 '전체 묶어 풀기'를 통해 학습했던 내용을 다시 복습할 수 있습니다.

5 즐거운 **수학이야기**와 **수학퀴즈** 함께 해요!

묶어 풀기가 끝나면 '재미있는 수학이야기'와 '수학퀴즈'가 기다리고 있어요. 흥미로운 수학이야기와 수학퀴즈는 좌뇌와 우뇌를 고루 발달시켜 주고, 창의성을 키워준답니다.

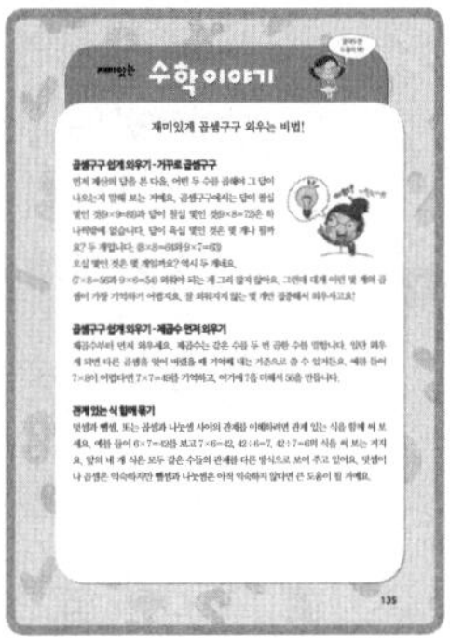

6 아이의 **학습 성취도**를 점검해 보세요.

권두부록으로 제시된 '실력 진단 평가'로 아이의 학습 성취도를 점검할 수 있어요. 각 단계별로 2회씩 총 20회가 제공됩니다.

차 례

4권

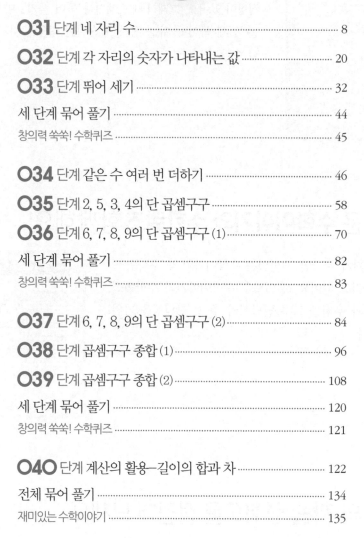

매일 2쪽씩 풀며
계산의 신이 되자!

《계산의 신》은 초등학교 1학년부터 6학년 과정까지 총 120단계로 구성되어 있습니다.
매일 2쪽씩 꾸준히 반복 학습을 하면 탄탄한 계산력을 기를 수 있습니다.
더불어 복습할 수 있는 '묶어 풀기'가 있고, 지친 마음을 헤아려 주는
'재미있는 수학이야기'와 '수학퀴즈'가 있습니다.
꿈을담는틀의 《계산의 신》이 준비한 길로 들어오실 준비가 되셨나요?
그 길을 따라 걸으며 문제를 풀고 이야기를 듣다 보면
어느새 계산의 신이 되어 있을 거예요!

★★★★
구성과 일러스트가 인상적!

★★★★★
초등 수학은 이 책이면 끝!

031 단계

네 자리 수

◆스스로 학습 관리표◆

• 매일 맞힌 개수를 적고, 걸린 시간만큼 색칠해 보세요.
(눈금 1칸은 1분이며, 초는 표의 상단에 적으세요.)

• 하루하루 지날수록 실력이 자라고, 계산 속도가
빨라지는 것을 눈으로 직접 확인할 수 있습니다.

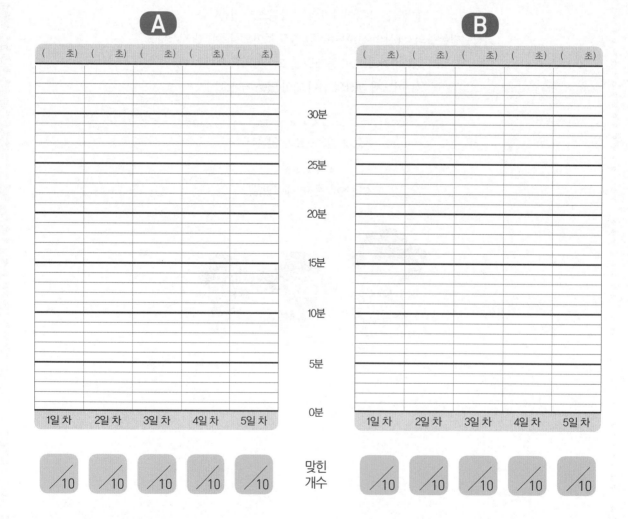

A

(초)	(초)	(초)	(초)	(초)
1일 차	2일 차	3일 차	4일 차	5일 차

30분
25분
20분
15분
10분
5분
0분

B

(초)	(초)	(초)	(초)	(초)
1일 차	2일 차	3일 차	4일 차	5일 차

맞힌 개수

/10	/10	/10	/10	/10	맞힌 개수	/10	/10	/10	/10	/10

◆개념 포인트◆

1000과 몇천 알아보기

1000은 ┬ 900보다 100 큰 수
 ├ 990보다 10 큰 수
 └ 999보다 1 큰 수

1000이 ▲인 수 ┬ 쓰기 : ▲000
 └ 읽기 : ▲천

네 자리 수

1000이 3, 100이 4, 10이 2, 1이 6이면 3426입니다.
3426은 삼천사백이십육이라고 읽습니다.

예시

1000과 몇천 알아보기

100이 10이면 1000이고 천이라고 읽습니다.

수	1000이 2	1000이 3	1000이 4	……	1000이 9
쓰기	2000	3000	4000	……	9000
읽기	이천	삼천	사천	……	구천

네 자리 수

6	4	3	5
↓	↓	↓	↓
천	백	십	일
육천	사백	삼십	오

지금까지 배웠던 수보다 더 큰 단위의 수를 배워봅니다. 네 자리 수가 주어진 경우 자릿수에 맞춰서 읽는 법을 가르쳐 주세요. 특히 자릿수에 0이 들어가는 경우 어떻게 읽으면 되는지를 확실하게 이해시켜 주세요.

1일차 A형

네 자리 수

월 일
분 초
/10

✎ 빈칸에 알맞은 수나 말을 써넣으세요.

❶ 1000은 900보다 □ 큰 수입니다.

❷ 1000은 990보다 □ 큰 수입니다.

❸ 1000이 2이면 □입니다.

❹ 1000이 6이면 □입니다.

❺ 1000이 5이면 □입니다.

❻ 1000이 8이면 □입니다.

❼ 7000은 □이라고 읽습니다.

❽ 3000은 □이라고 읽습니다.

❾ 9000은 □이라고 읽습니다.

❿ 4000은 □이라고 읽습니다.

자기 점수에 ○표 하세요

맞힌 개수	5개 이하	6~7개	8~9개	10개
학습 방법	개념을 다시 공부하세요.	조금 더 노력 하세요.	실수하면 안 돼요.	참 잘했어요.

1일차 B형 네자리 수

월 일
분 초
/10

정답 2쪽

빈칸에 알맞은 수나 말을 써넣으세요.

❶ 1000이 2개, 100이 3개, 10이 5개, 1이 8개이면 ☐입니다.

❷ 1000이 5개, 100이 4개, 10이 1개, 1이 2개이면 ☐입니다.

❸ 1000이 3개, 100이 6개, 10이 4개, 1이 7개이면 ☐입니다.

❹ 1000이 4개, 100이 9개, 10이 3개, 1이 5개이면 ☐입니다.

❺ 1000이 9개, 100이 1개, 10이 4개, 1이 7개이면 ☐입니다.

❻ 6518은 ☐(이)라고 읽습니다.

❼ 3729는 ☐(이)라고 읽습니다.

❽ 6514는 ☐(이)라고 읽습니다.

❾ 9267은 ☐(이)라고 읽습니다.

❿ 5396은 ☐(이)라고 읽습니다.

자기 점수에 ○표 하세요

맞힌 개수	5개 이하	6~7개	8~9개	10개
학습 방법	개념을 다시 공부하세요.	조금 더 노력 하세요.	실수하면 안 돼요.	참 잘했어요.

네 자리 수

월 일
분 초
/10

✎ 빈칸에 알맞은 수나 말을 써넣으세요.

❶ 1000은 999보다 [ ] 큰 수입니다.

❷ 100이 10이면 [ ] 입니다.

❸ 1000이 4이면 [ ] 입니다.

❹ 1000이 1이면 [ ] 입니다.

❺ 1000이 6이면 [ ] 입니다.

❻ 1000이 3이면 [ ] 입니다.

❼ 5000은 [ ] 이라고 읽습니다.

❽ 6000은 [ ] 이라고 읽습니다.

❾ 2000은 [ ] 이라고 읽습니다.

❿ 8000은 [ ] 이라고 읽습니다.

자기 점수에 ○표 하세요

맞힌 개수	5개 이하	6~7개	8~9개	10개
학습 방법	개념을 다시 공부하세요.	조금 더 노력 하세요.	실수하면 안 돼요.	참 잘했어요.

2일차 B형 네자리수

월	일
분	초
	/10

정답 3쪽

빈칸에 알맞은 수나 말을 써넣으세요.

❶ 1000이 4개, 100이 2개, 10이 7개, 1이 6개이면 [ ]입니다.

❷ 1000이 3개, 100이 1개, 10이 9개, 1이 5개이면 [ ]입니다.

❸ 1000이 7개, 100이 2개, 10이 2개, 1이 4개이면 [ ]입니다.

❹ 1000이 6개, 100이 7개, 10이 3개, 1이 0개이면 [ ]입니다.

❺ 1000이 8개, 100이 2개, 10이 3개, 1이 1개이면 [ ]입니다.

❻ 4827은 [ ](이)라고 읽습니다.

❼ 5066은 [ ](이)라고 읽습니다.

❽ 3195는 [ ](이)라고 읽습니다.

❾ 1472는 [ ](이)라고 읽습니다.

❿ 9583은 [ ](이)라고 읽습니다.

자기 점수에 ○표 하세요

맞힌 개수	5개 이하	6~7개	8~9개	10개
학습 방법	개념을 다시 공부하세요.	조금 더 노력 하세요.	실수하면 안 돼요.	참 잘했어요.

3일차 A형

네자리 수

월 일
분 초
/10

✎ 빈칸에 알맞은 수나 말을 써넣으세요.

❶ 900보다 100 큰 수는 [　　] 입니다.

❷ 1000이 5이면 [　　] 입니다.

❸ 1000이 8이면 [　　] 입니다.

❹ 1000이 2이면 [　　] 입니다.

❺ 1000이 1이면 [　　] 입니다.

❻ 1000이 4이면 [　　] 입니다.

❼ 3000은 [　　] 이라고 읽습니다.

❽ 9000은 [　　] 이라고 읽습니다.

❾ 7000은 [　　] 이라고 읽습니다.

❿ 5000은 [　　] 이라고 읽습니다.

자기 점수에 ○표 하세요

맞힌 개수	5개 이하	6~7개	8~9개	10개
학습 방법	개념을 다시 공부하세요.	조금 더 노력하세요.	실수하면 안 돼요.	참 잘했어요.

네자리수

월 일
분 초
/10

정답 4쪽

빈칸에 알맞은 수나 말을 써넣으세요.

❶ 1000이 5개, 100이 0개, 10이 4개, 1이 2개이면 ☐입니다.

❷ 1000이 7개, 100이 8개, 10이 1개, 1이 3개이면 ☐입니다.

❸ 1000이 2개, 100이 5개, 10이 3개, 1이 4개이면 ☐입니다.

❹ 1000이 9개, 100이 1개, 10이 5개, 1이 6개이면 ☐입니다.

❺ 1000이 6개, 100이 3개, 10이 3개, 1이 3개이면 ☐입니다.

❻ 9176은 ☐(이)라고 읽습니다.

❼ 6782는 ☐(이)라고 읽습니다.

❽ 4847은 ☐(이)라고 읽습니다.

❾ 3594는 ☐(이)라고 읽습니다.

❿ 2895는 ☐(이)라고 읽습니다.

자기 점수에 ○표 하세요

맞힌 개수	5개 이하	6~7개	8~9개	10개
학습 방법	개념을 다시 공부하세요.	조금 더 노력 하세요.	실수하면 안 돼요.	참 잘했어요.

4일차 A형

네자리 수

월 일
분 초
/10

빈칸에 알맞은 수나 말을 써넣으세요.

❶ 990보다 10 큰 수는 ☐입니다.

❷ 1000이 3이면 ☐입니다.

❸ 1000이 7이면 ☐입니다.

❹ 1000이 9이면 ☐입니다.

❺ 1000이 5이면 ☐입니다.

❻ 1000이 8이면 ☐입니다.

❼ 2000은 ☐이라고 읽습니다.

❽ 4000은 ☐이라고 읽습니다.

❾ 3000은 ☐이라고 읽습니다.

❿ 6000은 ☐이라고 읽습니다.

자기 점수에 ○표 하세요

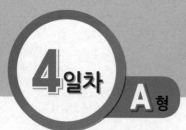

맞힌 개수	5개 이하	6~7개	8~9개	10개
학습 방법	개념을 다시 공부하세요.	조금 더 노력하세요.	실수하면 안 돼요.	참 잘했어요.

네 자리 수

월 일
분 초
/10

정답 5쪽

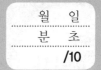

빈칸에 알맞은 수나 말을 써넣으세요.

❶ 1000이 6개, 100이 4개, 10이 1개, 1이 5개이면 [ ]입니다.

❷ 1000이 3개, 100이 9개, 10이 2개, 1이 4개이면 [ ]입니다.

❸ 1000이 4개, 100이 3개, 10이 0개, 1이 2개이면 [ ]입니다.

❹ 1000이 1개, 100이 8개, 10이 4개, 1이 6개이면 [ ]입니다.

❺ 1000이 8개, 100이 7개, 10이 4개, 1이 1개이면 [ ]입니다.

❻ 3971은 [ ](이)라고 읽습니다.

❼ 1684는 [ ](이)라고 읽습니다.

❽ 5719는 [ ](이)라고 읽습니다.

❾ 2827은 [ ](이)라고 읽습니다.

❿ 7913은 [ ](이)라고 읽습니다.

자기 점수에 ○표 하세요

맞힌 개수	5개 이하	6~7개	8~9개	10개
학습 방법	개념을 다시 공부하세요.	조금 더 노력하세요.	실수하면 안 돼요.	참 잘했어요.

5일차 A형

네자리 수

월 일
분 초
/10

✎ 빈칸에 알맞은 수나 말을 써넣으세요.

❶ 999보다 1 큰 수는 [ ]입니다.

❷ 1000이 4이면 [ ]입니다.

❸ 1000이 2이면 [ ]입니다.

❹ 1000이 8이면 [ ]입니다.

❺ 1000이 6이면 [ ]입니다.

❻ 1000이 5이면 [ ]입니다.

❼ 7000은 [ ]이라고 읽습니다.

❽ 9000은 [ ]이라고 읽습니다.

❾ 1000은 [ ]이라고 읽습니다.

❿ 3000은 [ ]이라고 읽습니다.

자기 점수에 ○표 하세요

맞힌 개수	5개 이하	6~7개	8~9개	10개
학습 방법	개념을 다시 공부하세요.	조금 더 노력 하세요.	실수하면 안 돼요.	참 잘했어요.

네 자리 수

월	일
분	초
	/10

정답 6쪽

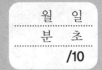

빈칸에 알맞은 수나 말을 써넣으세요.

❶ 1000이 7개, 100이 5개, 10이 3개, 1이 5개이면 ☐입니다.

❷ 1000이 1개, 100이 8개, 10이 4개, 1이 2개이면 ☐입니다.

❸ 1000이 5개, 100이 6개, 10이 7개, 1이 3개이면 ☐입니다.

❹ 1000이 3개, 100이 4개, 10이 1개, 1이 9개이면 ☐입니다.

❺ 1000이 2개, 100이 7개, 10이 8개, 1이 6개이면 ☐입니다.

❻ 4316은 ☐(이)라고 읽습니다.

❼ 6371은 ☐(이)라고 읽습니다.

❽ 3568은 ☐(이)라고 읽습니다.

❾ 2955는 ☐(이)라고 읽습니다.

❿ 9309는 ☐(이)라고 읽습니다.

자기 점수에 ○표 하세요

맞힌 개수	5개 이하	6~7개	8~9개	10개
학습 방법	개념을 다시 공부하세요.	조금 더 노력 하세요.	실수하면 안 돼요.	참 잘했어요.

032 단계 각 자리의 숫자가 나타내는 값

◆스스로 학습 관리표◆

- 매일 맞힌 개수를 적고, 걸린 시간만큼 색칠해 보세요. (눈금 1칸은 1분이며, 초는 표의 상단에 적으세요.)
- 하루하루 지날수록 실력이 자라고, 계산 속도가 빨라지는 것을 눈으로 직접 확인할 수 있습니다.

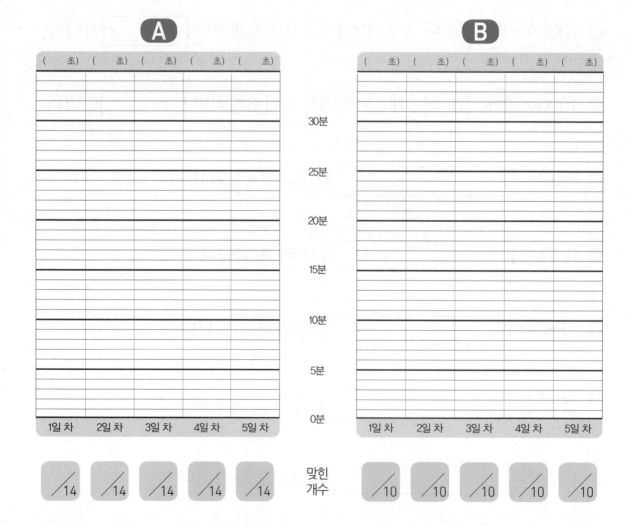

A

	1일 차	2일 차	3일 차	4일 차	5일 차
	(　초)	(　초)	(　초)	(　초)	(　초)
30분					
25분					
20분					
15분					
10분					
5분					
0분					
맞힌 개수	/14	/14	/14	/14	/14

B

	1일 차	2일 차	3일 차	4일 차	5일 차
	(　초)	(　초)	(　초)	(　초)	(　초)
30분					
25분					
20분					
15분					
10분					
5분					
0분					
맞힌 개수	/10	/10	/10	/10	/10

개념 포인트

각 자리의 숫자가 나타내는 값

네 자리 수에서 각 자리의 숫자가 몇을 나타내는지 알아봅시다.

4736의 4는 천의 자리 수이므로 4000을 나타냅니다.

7은 백의 자리 수이므로 700을 나타냅니다.

3은 십의 자리 수이므로 30을 나타냅니다.

6은 일의 자리 수이므로 6을 나타냅니다.

따라서 4736을 각 자리의 숫자가 나타내는 값의 합으로 나타내면

4736=4000+700+30+6

으로 나타낼 수 있습니다.

예시

7953의 각 자리의 숫자가 나타내는 값

천의 자리	백의 자리	십의 자리	일의 자리
7	9	5	3
7	0	0	0
	9	0	0
		5	0
			3

⇨ 7953=7000+900+50+3

앞 단계에서 네 자리 수를 읽는 방법에 대해서 학습하였습니다. 이번에는 네 자리 수가 어떻게 구성되고, 각 자리 수가 몇을 의미하는지를 배우는 단계입니다. 같은 숫자라도 어느 자리에 있는지에 따라 그 숫자가 나타내는 값이 다르므로 자릿수의 개념을 다시 한 번 확실하게 이해시켜 주세요.

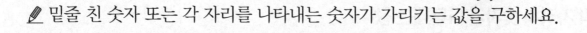

1일차 A형

각 자리의 숫자가 나타내는 값

월	일
분	초
	/14

밑줄 친 숫자 또는 각 자리를 나타내는 숫자가 가리키는 값을 구하세요.

❶ $27\underline{9}5$ ⇨ ☐

❷ $1\underline{3}74$ ⇨ ☐

❸ $\underline{4}518$ ⇨ ☐

❹ $396\underline{5}$ ⇨ ☐

❺ $6\underline{7}90$ ⇨ ☐

❻ $91\underline{7}4$ ⇨ ☐

❼ $\underline{5}936$ ⇨ ☐

❽ $\underline{8}612$ ⇨ ☐

❾ 4316의 천의 자리 숫자 ⇨ ☐

❿ 6378의 백의 자리 숫자 ⇨ ☐

⓫ 3951의 십의 자리 숫자 ⇨ ☐

⓬ 8319의 일의 자리 숫자 ⇨ ☐

⓭ 1634의 천의 자리 숫자 ⇨ ☐

⓮ 2838의 백의 자리 숫자 ⇨ ☐

자기 점수에 ○표 하세요

맞힌 개수	8개 이하	9~10개	11~12개	13~14개
학습 방법	개념을 다시 공부하세요.	조금 더 노력하세요.	실수하면 안 돼요.	참 잘했어요.

1일차 B형

각 자리의 숫자가 나타내는 값

월	일
분	초
	/10

정답 7쪽

✎ 주어진 수를 각 자리의 숫자가 나타내는 값의 합으로 나타내세요.

❶ 3497=3000+□+□+7

❷ 9431=9000+□+30+□

❸ 5762=□+□+60+2

❹ 4175=□+100+□+5

❺ 7658=□+600+50+□

❻ 2750=□+□+50

❼ 8063=□+60+□

❽ 3992=3000+□+□+□

❾ 4356=□+300+□+□

❿ 1762=□+□+□+□

자기 점수에 ○표 하세요

맞힌 개수	5개 이하	6~7개	8~9개	10개
학습 방법	개념을 다시 공부하세요.	조금 더 노력 하세요.	실수하면 안 돼요.	참 잘했어요.

각 자리의 숫자가 나타내는 값

월	일
분	초
	/14

밑줄 친 숫자 또는 각 자리를 나타내는 숫자가 가리키는 값을 구하세요.

❶ 5142 ⇨

❷ 8654 ⇨

❸ 3814 ⇨

❹ 7443 ⇨

❺ 4960 ⇨

❻ 2145 ⇨

❼ 8122 ⇨

❽ 1502 ⇨

❾ 6804의 천의 자리 숫자 ⇨

❿ 3943의 백의 자리 숫자 ⇨

⓫ 7652의 십의 자리 숫자 ⇨

⓬ 8441의 일의 자리 숫자 ⇨

⓭ 9040의 천의 자리 숫자 ⇨

⓮ 7628의 백의 자리 숫자 ⇨

자기 점수에 ○표 하세요

맞힌 개수	8개 이하	9~10개	11~12개	13~14개
학습 방법	개념을 다시 공부하세요.	조금 더 노력하세요.	실수하면 안 돼요.	참 잘했어요.

각 자리의 숫자가 나타내는 값

월	일
분	초
	/10

정답 8쪽

✎ 주어진 수를 각 자리의 숫자가 나타내는 값의 합으로 나타내세요.

❶ $2169=\square+100+\square+9$

❷ $5095=5000+\square+\square$

❸ $3498=\square+\square+90+8$

❹ $6527=\square+\square+20+7$

❺ $4934=\square+900+30+\square$

❻ $1659=1000+\square+50+\square$

❼ $7428=\square+\square+20+8$

❽ $9325=9000+\square+\square+\square$

❾ $8597=\square+500+\square+\square$

❿ $3946=\square+\square+\square+\square$

자기 점수에 ○표 하세요

맞힌 개수	5개 이하	6~7개	8~9개	10개
학습 방법	개념을 다시 공부하세요.	조금 더 노력하세요.	실수하면 안 돼요.	참 잘했어요.

3일차 A형

각 자리의 숫자가 나타내는 값

월	일
분	초
	/14

✎ 밑줄 친 숫자 또는 각 자리를 나타내는 숫자가 가리키는 값을 구하세요.

❶ 18<u>6</u>2 ⇨ ☐

❷ <u>7</u>326 ⇨ ☐

❸ 2<u>1</u>69 ⇨ ☐

❹ <u>3</u>947 ⇨ ☐

❺ 51<u>2</u>9 ⇨ ☐

❻ 8<u>3</u>60 ⇨ ☐

❼ <u>4</u>369 ⇨ ☐

❽ 90<u>7</u>8 ⇨ ☐

❾ 6495의 천의 자리 숫자 ⇨ ☐

❿ 1284의 백의 자리 숫자 ⇨ ☐

⓫ 3082의 십의 자리 숫자 ⇨ ☐

⓬ 4087의 일의 자리 숫자 ⇨ ☐

⓭ 9040의 천의 자리 숫자 ⇨ ☐

⓮ 7628의 백의 자리 숫자 ⇨ ☐

자기 점수에 ○표 하세요

맞힌 개수	8개 이하	9~10개	11~12개	13~14개
학습 방법	개념을 다시 공부하세요.	조금 더 노력 하세요.	실수하면 안 돼요.	참 잘했어요.

각 자리의 숫자가 나타내는 값

월 일
분 초
/10

정답 9쪽

주어진 수를 각 자리의 숫자가 나타내는 값의 합으로 나타내세요.

❶ 1566=1000+□+□+6

❷ 4813=□+□+10+3

❸ 5297=□+200+□+7

❹ 9140=□+100+□

❺ 6735=6000+□+30+□

❻ 7298=□+200+□+8

❼ 3944=□+900+□+□

❽ 2381=2000+□+80+□

❾ 5094=□+□+□

❿ 1782=□+□+□+□

자기 점수에 ○표 하세요

맞힌 개수	5개 이하	6~7개	8~9개	10개
학습 방법	개념을 다시 공부하세요.	조금 더 노력하세요.	실수하면 안 돼요.	참 잘했어요.

4일차 A형

각 자리의 숫자가 나타내는 값

월 일
분 초
/14

✎ 밑줄 친 숫자 또는 각 자리를 나타내는 숫자가 가리키는 값을 구하세요.

❶ 83<u>5</u>4 ⇨ ☐

❷ <u>4</u>176 ⇨ ☐

❸ 3<u>5</u>52 ⇨ ☐

❹ 630<u>7</u> ⇨ ☐

❺ <u>9</u>356 ⇨ ☐

❻ 70<u>3</u>5 ⇨ ☐

❼ 1<u>3</u>67 ⇨ ☐

❽ <u>5</u>801 ⇨ ☐

❾ 2688의 천의 자리 숫자 ⇨ ☐

❿ 9561의 백의 자리 숫자 ⇨ ☐

⓫ 7630의 십의 자리 숫자 ⇨ ☐

⓬ 1385의 일의 자리 숫자 ⇨ ☐

⓭ 7405의 천의 자리 숫자 ⇨ ☐

⓮ 8156의 백의 자리 숫자 ⇨ ☐

자기 점수에 ○표 하세요

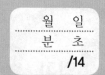

맞힌 개수	8개 이하	9~10개	11~12개	13~14개
학습 방법	개념을 다시 공부하세요.	조금 더 노력하세요.	실수하면 안 돼요.	참 잘했어요.

각 자리의 숫자가 나타내는 값

월 일
분 초
/10

정답 10쪽

주어진 수를 각 자리의 숫자가 나타내는 값의 합으로 나타내세요.

❶ 5673=5000+☐+70+☐

❷ 2375=☐+300+☐+5

❸ 4731=☐+☐+30+1

❹ 6804=☐+800+☐

❺ 3714=3000+700+☐+☐

❻ 9615=☐+600+☐+5

❼ 8843=☐+800+☐+☐

❽ 6489=☐+☐+80+☐

❾ 1287=☐+☐+☐+7

❿ 3496=☐+☐+☐+☐

자기 점수에 ○표 하세요

맞힌 개수	5개 이하	6~7개	8~9개	10개
학습 방법	개념을 다시 공부하세요.	조금 더 노력하세요.	실수하면 안 돼요.	참 잘했어요.

5일차 A형

각 자리의 숫자가 나타내는 값

월 일
분 초
/14

밑줄 친 숫자 또는 각 자리를 나타내는 숫자가 가리키는 값을 구하세요.

❶ $\underline{8}322$ ⇨ ☐

❷ $4\underline{9}10$ ⇨ ☐

❸ $631\underline{8}$ ⇨ ☐

❹ $20\underline{7}4$ ⇨ ☐

❺ $\underline{5}124$ ⇨ ☐

❻ $96\underline{8}2$ ⇨ ☐

❼ $5\underline{1}39$ ⇨ ☐

❽ $\underline{3}760$ ⇨ ☐

❾ 6208의 천의 자리 숫자 ⇨ ☐

❿ 5329의 백의 자리 숫자 ⇨ ☐

⓫ 1762의 십의 자리 숫자 ⇨ ☐

⓬ 4264의 일의 자리 숫자 ⇨ ☐

⓭ 9257의 천의 자리 숫자 ⇨ ☐

⓮ 2306의 백의 자리 숫자 ⇨ ☐

자기 점수에 ○표 하세요

맞힌 개수	8개 이하	9~10개	11~12개	13~14개
학습 방법	개념을 다시 공부하세요.	조금 더 노력하세요.	실수하면 안 돼요.	참 잘했어요.

각 자리의 숫자가 나타내는 값

월 일
분 초
/10

정답 11쪽

주어진 수를 각 자리의 숫자가 나타내는 값의 합으로 나타내세요.

❶ 8317 = □ + 300 + 10 + □

❷ 6231 = 6000 + □ + □ + 1

❸ 2196 = □ + □ + 90 + 6

❹ 5608 = □ + 600 + □

❺ 7354 = 7000 + □ + 50 + □

❻ 9357 = □ + □ + 50 + 7

❼ 1885 = □ + □ + 80 + □

❽ 3749 = 3000 + □ + □ + □

❾ 2693 = □ + □ + □ + 3

❿ 4568 = □ + □ + □ + □

자기 점수에 ○표 하세요

맞힌 개수	5개 이하	6~7개	8~9개	10개
학습 방법	개념을 다시 공부하세요.	조금 더 노력 하세요.	실수하면 안 돼요.	참 잘했어요.

033 단계 뛰어 세기

◆스스로 학습 관리표◆

- 매일 맞힌 개수를 적고, 걸린 시간만큼 색칠해 보세요.
  (눈금 1칸은 1분이며, 초는 표의 상단에 적으세요.)
- 하루하루 지날수록 실력이 자라고, 계산 속도가 빨라지는 것을 눈으로 직접 확인할 수 있습니다.

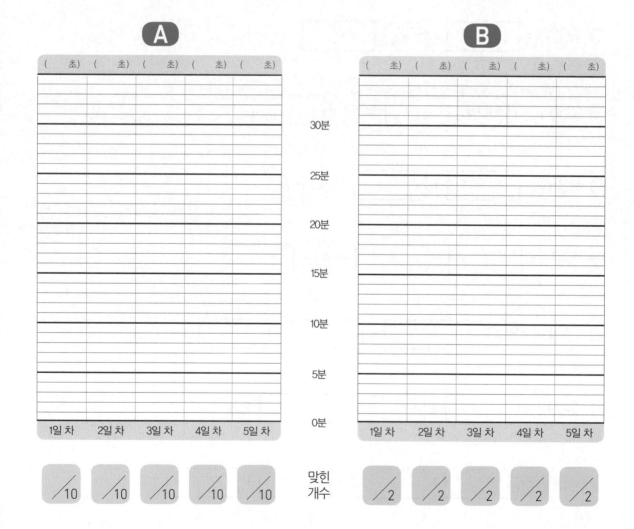

A

(초)	(초)	(초)	(초)	(초)
1일 차	2일 차	3일 차	4일 차	5일 차
/10	/10	/10	/10	/10

30분
25분
20분
15분
10분
5분
0분

맞힌 개수

B

(초)	(초)	(초)	(초)	(초)
1일 차	2일 차	3일 차	4일 차	5일 차
/2	/2	/2	/2	/2

◆개념 포인트◆

뛰어 세기

1000씩 뛰어 세기 : 천의 자리 숫자가 1씩 커집니다.

100씩 뛰어 세기 : 백의 자리 숫자가 1씩 커집니다.

10씩 뛰어 세기 : 십의 자리 숫자가 1씩 커집니다.

1씩 뛰어 세기 : 일의 자리 숫자가 1씩 커집니다.

얼마씩 뛰어 세었는지 알아보기

숫자의 달라지는 자리가 몇인지, 얼마큼씩 달라지는지 알아봅니다.

예시

뛰어 세기 1000씩 뛰어 세기 : 천의 자리 숫자가 1씩 커집니다.

1000 — 2000 — 3000 — 4000

100씩 뛰어 세기 : 백의 자리 숫자가 1씩 커집니다.

1100 — 1200 — 1300 — 1400

10씩 뛰어 세기 : 십의 자리 숫자가 1씩 커집니다.

3410 — 3420 — 3430 — 3440

1씩 뛰어 세기 : 일의 자리 숫자가 1씩 커집니다.

2341 — 2342 — 2343 — 2344

얼마씩 뛰어 세었는지 알아보기

5620 — 5720 — 5820 — 5920

⇨ 백의 자리가 1씩 커지므로 100씩 뛰어 센 것입니다.

주어진 수의 나열에 어떠한 규칙이 있는지를 알아보는 단계입니다. 자릿수를 비교하면서 규칙을 찾고, 앞의 수와 뒤의 수의 차를 구하여 얼마씩 뛰어 센 것인지를 알 수 있도록 지도해 주세요.

뛰어 세기

월	일
분	초
	/10

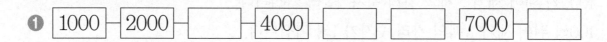

주어진 수를 알맞게 뛰어 세어 보세요.

❶	1000	2000		4000			7000	
❷	5100	5200	5300				5700	
❸	7254	7255		7257	7258			7261
❹	4320		4340	4350		4370		
❺	2500	3500				7500	8500	
❻	3310		3510	3610		3810		4010
❼	5131	5132	5133			5136		5138
❽	9500	8500			5500	4500		
❾	3865		3665	3565		3365	3265	
❿	7005	7006		7008		7010	7011	

자기 점수에 ○표 하세요

맞힌 개수	5개 이하	6~7개	8~9개	10개
학습 방법	개념을 다시 공부하세요.	조금 더 노력 하세요.	실수하면 안 돼요.	참 잘했어요.

뛰어 세기

월 일
분 초
/2

정답 12쪽

수 배열표에서 ➡의 수들의 규칙을 찾아 □ 안에 알맞은 수를 써넣으세요.

❶

2100	2200	2300	2400	2500	2600
2700	2800	2900	3000	3100	3200
3300	3400	3500	3600	3700	3800
3900	4000	4100	4200	4300	4400

⇨ ➡의 수는 2700부터 □ 씩 뛰어 센 것입니다.

❷

6320	6330	6340	6350	6360	6370
6380	6390	6400	6410	6420	6430
6440	6450	6460	6470	6480	6490
6500	6510	6520	6530	6540	6550

⇨ ➡의 수는 6330부터 □ 씩 뛰어 센 것입니다.

자기 점수에 ○표 하세요

맞힌 개수	1개	2개
학습 방법	실수하면 안 돼요.	참 잘했어요.

2일차 A형

뛰어 세기

월	일
분	초
	/10

✎ 주어진 수를 알맞게 뛰어 세어 보세요.

❶	3100	3200	3300				3700	
❷	1250	2250			5250	6250		
❸	7520	7530			7560			7590
❹	8225	8226	8227			8230	8231	
❺	2890			5890	6890	7890		
❻	4120	4220		4420				4820
❼	1541	1551				1591	1601	
❽	8720	7720		5720			2720	
❾	4869	4859				4819	4809	4799
❿	8925	7925	6925			3925		1925

자기 점수에 ○표 하세요

맞힌 개수	5개 이하	6~7개	8~9개	10개
학습 방법	개념을 다시 공부하세요.	조금 더 노력 하세요.	실수하면 안 돼요.	참 잘했어요.

뛰어 세기

월	일
분	초
	/2

정답 13쪽

수 배열표에서 ⟶의 수들의 규칙을 찾아 □ 안에 알맞은 수를 써넣으세요.

❶

5650	5750	5850	5950	6050
6150	6250	6350	6450	6550
6650	6750	6850	6950	7050
7150	7250	7350	7450	7550

⇨ ⟶의 수는 7150부터 □ 씩 뛰어 센 것입니다.

❷

1234	1235	1236	1237	1238	1239
1240	1241	1242	1243	1244	1245
1246	1247	1248	1249	1250	1251
1252	1253	1254	1255	1256	1257

⇨ ⟶의 수는 1234부터 □ 씩 뛰어 센 것입니다.

자기 점수에 ○표 하세요

맞힌 개수	1개	2개
학습 방법	실수하면 안 돼요.	참 잘했어요.

3일차 A형 뛰어 세기

월 일
분 초
/10

✎ 주어진 수를 알맞게 뛰어 세어 보세요.

❶	5000	5200	5400		5800	6000		6400
❷	4210	4240		4300		4360		4420
❸	6211	6212			6215		6217	
❹	3023	3523	4023		5023	5523		
❺	7541	7551		7571		7591	7601	
❻	2510	2515		2525			2540	
❼	1245	2245			5245	6245		
❽	5820	5620		5220	5020	4820		
❾	8590	8585	8580		8570			8555
❿	6589	6588		6586		6584		6582

자기 점수에 ○표 하세요

맞힌 개수	5개 이하	6~7개	8~9개	10개
학습 방법	개념을 다시 공부하세요.	조금 더 노력하세요.	실수하면 안 돼요.	참 잘했어요.

3일차 B형

뛰어 세기

월	일
분	초
	/2

정답 14쪽

수 배열표에서 ⟶의 수들의 규칙을 찾아 □ 안에 알맞은 수를 써넣으세요.

❶

3560	3570	3580	3590	3600	3610
3620	3630	3640	3650	3660	3670
3680	3690	3700	3710	3720	3730
3740	3750	3760	3770	3780	3790

⇨ ⟶의 수는 3730부터 □ 씩 거꾸로 뛰어 센 것입니다.

❷

1400	1500	1600	1700	1800
1900	2000	2100	2200	2300
2400	2500	2600	2700	2800
2900	3000	3100	3200	3300

⇨ ⟶의 수는 1700부터 □ 씩 뛰어 센 것입니다.

자기 점수에 ○표 하세요

맞힌 개수	1개	2개
학습 방법	실수하면 안 돼요.	참 잘했어요.

4일차 A형

뛰어 세기

월	일
분	초
	/10

✎ 주어진 수를 알맞게 뛰어 세어 보세요.

❶	6280	6580		7180	7480			8380
❷	7053	7153			7453	7553		
❸	1458	2458			5458			8458
❹	3627	3647		3687	3707	3727		
❺	4160	4560		5360		6160		
❻	8152	8154	8156				8164	
❼	5540	5560		5600		5640		
❽	7650	7600		7500	7450			7300
❾	2188	2178	2168		2148			2118
❿	7110	6910	6710			6110	5910	

자기 점수에 ○표 하세요

맞힌 개수	5개 이하	6~7개	8~9개	10개
학습 방법	개념을 다시 공부하세요.	조금 더 노력 하세요.	실수하면 안 돼요.	참 잘했어요.

4일차 B형

뛰어 세기

월	일
분	초
	/2

정답 15쪽

수 배열표에서 ➡의 수들의 규칙을 찾아 □ 안에 알맞은 수를 써넣으세요.

❶

2450	2460	2470	2480	2490	2500
2510	2520	2530	2540	2550	2560
2570	2580	2590	2600	2610	2620
2630	2640	2650	2660	2670	2680

⇨ ➡의 수는 2460부터 □ 씩 뛰어 센 것입니다.

❷

1250	1260	1270	1280	1290
1350	1360	1370	1380	1390
1450	1460	1470	1480	1490
1550	1560	1570	1580	1590

⇨ ➡의 수는 1250부터 □ 씩 뛰어 센 것입니다.

자기 점수에 ○표 하세요

맞힌 개수	1개	2개
학습 방법	실수하면 안 돼요.	참 잘했어요.

5일차 A형

뛰어 세기

월 일
분 초
/10

✐ 주어진 수를 알맞게 뛰어 세어 보세요.

❶ 1746 — 2746 — ☐ — ☐ — 5746 — ☐ — 7746 — 8746

❷ 2200 — 2220 — ☐ — 2260 — ☐ — 2300 — ☐ — 2340

❸ 5215 — 5220 — 5225 — 5230 — ☐ — ☐ — ☐ — 5250

❹ 8170 — 8270 — ☐ — ☐ — 8570 — 8670 — ☐ — 8870

❺ 6219 — 6220 — ☐ — 6222 — 6223 — ☐ — 6225 — ☐

❻ 3010 — 3210 — ☐ — 3610 — 3810 — ☐ — 4210 — ☐

❼ 7230 — 7260 — 7290 — 7320 — ☐ — ☐ — ☐ — 7440

❽ 4856 — 4656 — ☐ — ☐ — 4056 — 3856 — ☐ — 3456

❾ 9413 — 8413 — 7413 — ☐ — ☐ — ☐ — 3413 — ☐

❿ 5180 — 5175 — ☐ — ☐ — 5160 — ☐ — 5150 — ☐

자기 점수에 ○표 하세요

맞힌 개수	5개 이하	6~7개	8~9개	10개
학습 방법	개념을 다시 공부하세요.	조금 더 노력하세요.	실수하면 안 돼요.	참 잘했어요.

뛰어 세기

월 일
분 초
/2

정답 16쪽

수 배열표에서 ➡ 의 수들의 규칙을 찾아 □ 안에 알맞은 수를 써넣으세요.

❶

3420	3520	3620	3720	3820	3920
4420	4520	4620	4720	4820	4920
5420	5520	5620	5720	5820	5920
6420	6520	6620	6720	6820	6920

⇨ ➡ 의 수는 3420부터 □ 씩 뛰어 센 것입니다.

❷

5640	5650	5660	5670	5680
5740	5750	5760	5770	5780
5840	5850	5860	5870	5880
5940	5950	5960	5970	5980

⇨ ➡ 의 수는 5670부터 □ 씩 뛰어 센 것입니다.

자기 점수에 ○표 하세요

맞힌 개수	1개	2개
학습 방법	실수하면 안 돼요.	참 잘했어요.

세 단계 묶어 풀기 O31 ~ O33단계
네 자리 수/뛰어 세기

월	일
분	초
	/12

정답 17쪽

빈칸에 알맞은 수나 말을 써넣으세요.

❶ 1000이 3개, 100이 4개, 10이 2개, 1이 7개이면 [ ]입니다.

❷ 1000이 8개, 100이 5개, 10이 6개, 1이 2개이면 [ ]입니다.

❸ 2913은 [ ](이)라고 읽습니다.

❹ 5366은 [ ](이)라고 읽습니다.

밑줄 친 숫자가 가리키는 값을 구하세요.

❺ $3\underline{8}54$ ⇨ [ ]

❻ $\underline{7}926$ ⇨ [ ]

❼ $15\underline{2}9$ ⇨ [ ]

❽ $206\underline{7}$ ⇨ [ ]

주어진 수를 알맞게 뛰어 세어 보세요.

❾ 3500 – 4500 – [ ] – [ ] – 7500 – [ ] – 9500

❿ 1250 – 2250 – [ ] – 4250 – [ ] – 6250 – [ ]

⓫ 4113 – 4114 – [ ] – [ ] – [ ] – 4118 – 4119

⓬ 6385 – 6375 – [ ] – [ ] – 6345 – 6335 – [ ]

창의력 쑥쑥! 수학 퀴즈

현주의 저금통에는
1000원짜리 지폐 2장, 500원짜리 동전 3개,
100원짜리 동전 15개가 들어 있습니다.
어느 날 현주는 새 학기를 맞이하여 방청소를
하기로 결심했습니다.
방청소를 하면서 서랍을 정리하였는데, 서랍 안에서
1000원짜리 지폐 1장, 100원짜리 동전 23개,
50원짜리 동전 7개를 발견하였습니다.
어떻게 할까? 고민하다가 모두 저금통에 넣었습니다. 그렇다면
현주의 저금통 안에는 모두 얼마가 들어 있습니까?

답 현주의 저금통 안에 있는 금액을 구하려면 어떻게 할까요? 물론 처음 저금통 안에 들어 있는 금액을 계산하고, 서랍에서 발견한 금액을 계산하여 두 금액을 더하면 됩니다. 그러나 그 보다는 조금 더 쉬운 방법이 있을 것 같아요.

현주가 서랍에서 발견한 금액을 모두 저금통에 넣었다고 생각해 볼까요.

즉, 서랍에서 발견한 돈을 모두 저금통에 넣었으므로 저금통 안에는

1000원짜리 지폐가 모두 3장 있으므로 3000원,
500원짜리 동전은 3개 그대로 있으므로 1500원,
100원짜리 동전이 모두 38개이므로 3800원,
50원짜리 동전은 7개이므로 350원

이 있습니다.

따라서 위의 금액을 모두 더하면 현주의 저금통 안에는

3000원+1500원+3800원+350원=8650원

이 들어 있습니다.

034 단계 같은 수 여러 번 더하기

◆스스로 학습 관리표◆

- 매일 맞힌 개수를 적고, 걸린 시간만큼 색칠해 보세요.
  (눈금 1칸은 1분이며, 초는 표의 상단에 적으세요.)
- 하루하루 지날수록 실력이 자라고, 계산 속도가 빨라지는 것을 눈으로 직접 확인할 수 있습니다.

A

	1일 차	2일 차	3일 차	4일 차	5일 차
	(초)	(초)	(초)	(초)	(초)
30분					
25분					
20분					
15분					
10분					
5분					
0분					
맞힌 개수	/12	/12	/12	/12	/12

B

	1일 차	2일 차	3일 차	4일 차	5일 차
	(초)	(초)	(초)	(초)	(초)
30분					
25분					
20분					
15분					
10분					
5분					
0분					
맞힌 개수	/10	/10	/10	/10	/10

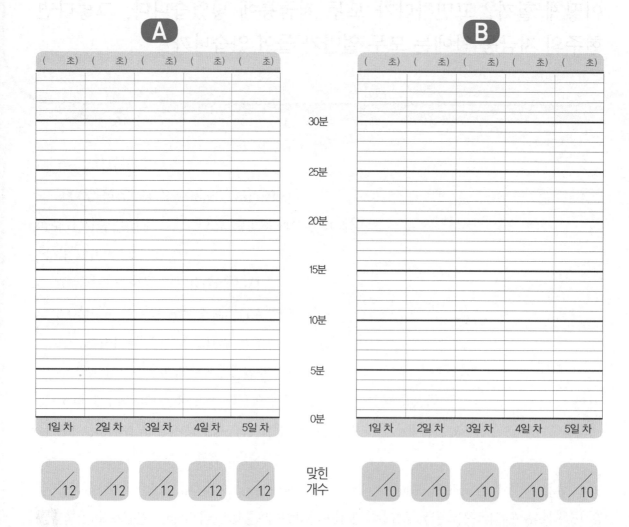

개념 포인트

곱셈을 덧셈으로 나타내기

3씩 4묶음은 3의 4배이고, 3×4라고 씁니다.
그러니까 3×4는 3을 4번 더하는 것이므로 그 값이 12입니다.

$$3\times4=\underbrace{3+3+3+3}_{\text{3을 4번 더하는 것}}=12$$

덧셈을 곱셈으로 나타내기

같은 수가 여러 번 더해져 있으면 간단하게 곱셈으로 나타냅니다.

$$\underbrace{5+5+5+5}_{\text{5를 4번 더하는 것}}=\underbrace{5\times4}_{\text{5의 4배}}$$

예시

곱셈을 덧셈으로

5×2

	5
+	5
1	0

덧셈을 곱셈으로

5+5+5=[5]×[3]=[15]

지도 도우미

이 단계에서는 덧셈과 곱셈 사이의 관계를 배우게 됩니다. 같은 수를 여러 번 더하기를 편리하게 나타내기 위해 곱셈이 사용되었다는 것을 이해하면서 자연스럽게 곱셈구구로 연결시키는 단계입니다. 단순히 수의 계산에 그치지 않고 곱셈과 덧셈 사이의 관계를 이해할 수 있도록 지도해 주세요.

1일차 A형

같은 수 여러 번 더하기

월 일
분 초
/12

곱셈식을 덧셈식으로 나타내고 계산하세요.

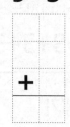

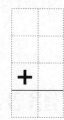

❶ 4×3

+

❷ 7×3

+

❸ 9×3

+

❹ 5×3

+

❺ 3×5

+

❻ 2×5

+

❼ 8×5

+

❽ 7×5

+

❾ 2×8

+

❿ 3×8

+

⓫ 6×8

+

⓬ 8×8

+

자기 점수에 ○표 하세요

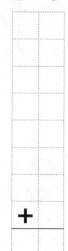

맞힌 개수	6개 이하	7~8개	9~10개	11~12개
학습 방법	개념을 다시 공부하세요.	조금 더 노력하세요.	실수하면 안 돼요.	참 잘했어요.

1일차 B형 같은 수 여러 번 더하기

월 일
분 초
/10

긴 덧셈식을 곱셈식으로 나타내니 짧아지네!

정답 18쪽

덧셈식을 곱셈식으로 나타내고 계산하세요.

❶ 5+5=□×□=□

❷ 3+3+3=□×□=□

❸ 7+7+7+7=□×□=□

❹ 4+4+4+4+4=□×□=□

❺ 9+9+9+9+9+9=□×□=□

❻ 8+8+8+8+8+8+8=□×□=□

❼ 2+2+2+2+2+2+2+2=□×□=□

❽ 3+3+3+3+3+3+3+3+3=□×□=□

❾ 5+5+5+5+5+5+5+5+5=□×□=□

❿ 4+4+4+4+4+4+4+4=□×□=□

자기 점수에 ○표 하세요

맞힌 개수	5개 이하	6~7개	8~9개	10개
학습 방법	개념을 다시 공부하세요.	조금 더 노력 하세요.	실수하면 안 돼요.	참 잘했어요.

2일차 A형

같은 수 여러 번 더하기

월 일
분 초
/12

곱셈식을 덧셈식으로 나타내고 계산하세요.

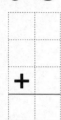

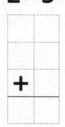

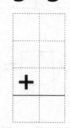

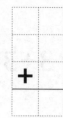

❶ 6×3

❷ 2×3

❸ 5×3

❹ 7×3

❺ 4×5

❻ 3×5

❼ 9×5

❽ 6×5

❾ 2×8

❿ 7×8

⓫ 5×8

⓬ 3×8

자기 점수에 ○표 하세요

맞힌 개수	6개 이하	7~8개	9~10개	11~12개
학습 방법	개념을 다시 공부하세요.	조금 더 노력하세요.	실수하면 안 돼요.	참 잘했어요.

같은 수 여러 번 더하기

월 일
분 초
/10

정답 19쪽

덧셈식을 곱셈식으로 나타내고 계산하세요.

❶ 4+4=□×□=□

❷ 6+6+6=□×□=□

❸ 8+8+8+8=□×□=□

❹ 7+7+7+7+7=□×□=□

❺ 3+3+3+3+3+3=□×□=□

❻ 6+6+6+6+6+6+6=□×□=□

❼ 5+5+5+5+5+5+5+5=□×□=□

❽ 4+4+4+4+4+4+4+4+4=□×□=□

❾ 2+2+2+2+2+2+2+2+2=□×□=□

❿ 3+3+3+3+3+3+3+3=□×□=□

자기 점수에 ○표 하세요

맞힌 개수	5개 이하	6~7개	8~9개	10개
학습 방법	개념을 다시 공부하세요.	조금 더 노력하세요.	실수하면 안 돼요.	참 잘했어요.

같은 수 여러 번 더하기

월 일
분 초
/12

곱셈식을 덧셈식으로 나타내고 계산하세요.

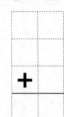

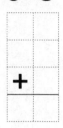

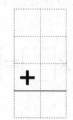

❶ 9×2

❷ 8×3

❸ 7×2

❹ 6×3

❺ 6×4

❻ 5×5

❼ 9×4

❽ 4×5

❾ 3×8

❿ 7×7

⓫ 5×8

⓬ 2×7

자기 점수에 ○표 하세요

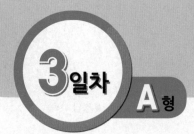

맞힌 개수	6개 이하	7~8개	9~10개	11~12개
학습 방법	개념을 다시 공부하세요.	조금 더 노력 하세요.	실수하면 안 돼요.	참 잘했어요.

같은 수 여러 번 더하기

월 일
분 초
/10

정답 20쪽

덧셈식을 곱셈식으로 나타내고 계산하세요.

❶ 8+8=□×□=□

❷ 5+5+5=□×□=□

❸ 9+9+9+9=□×□=□

❹ 6+6+6+6+6=□×□=□

❺ 5+5+5+5+5+5=□×□=□

❻ 4+4+4+4+4+4+4=□×□=□

❼ 2+2+2+2+2+2+2+2=□×□=□

❽ 8+8+8+8+8+8+8+8+8=□×□=□

❾ 7+7+7+7+7+7+7+7+7=□×□=□

❿ 6+6+6+6+6+6+6+6=□×□=□

자기 점수에 ○표 하세요

맞힌 개수	5개 이하	6~7개	8~9개	10개
학습 방법	개념을 다시 공부하세요.	조금 더 노력하세요.	실수하면 안 돼요.	참 잘했어요.

4일차 A형

같은 수 여러 번 더하기

월 일
분 초
/12

✎ 곱셈식을 덧셈식으로 나타내고 계산하세요.

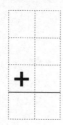

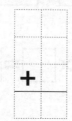

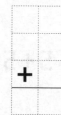

❶ 9×3

❷ 6×3

❸ 8×2

❹ 7×2

❺ 5×4

❻ 9×5

❼ 4×4

❽ 6×4

❾ 8×7

❿ 5×7

⓫ 9×8

⓬ 3×8

자기 점수에 ○표 하세요

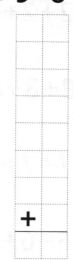

맞힌 개수	6개 이하	7~8개	9~10개	11~12개
학습 방법	개념을 다시 공부하세요.	조금 더 노력하세요.	실수하면 안 돼요.	참 잘했어요.

같은 수 여러 번 더하기

월 일
분 초
/10

정답 21쪽

덧셈식을 곱셈식으로 나타내고 계산하세요.

❶ 6+6=□×□=□

❷ 7+7+7=□×□=□

❸ 5+5+5+5=□×□=□

❹ 3+3+3+3+3=□×□=□

❺ 8+8+8+8+8+8=□×□=□

❻ 5+5+5+5+5+5+5=□×□=□

❼ 3+3+3+3+3+3+3+3=□×□=□

❽ 2+2+2+2+2+2+2+2+2=□×□=□

❾ 4+4+4+4+4+4+4+4+4=□×□=□

❿ 7+7+7+7+7+7+7+7=□×□=□

자기 점수에 ○표 하세요

맞힌 개수	5개 이하	6~7개	8~9개	10개
학습 방법	개념을 다시 공부하세요.	조금 더 노력 하세요.	실수하면 안 돼요.	참 잘했어요.

같은 수 여러 번 더하기

월	일
분	초
	/12

곱셈식을 덧셈식으로 나타내고 계산하세요.

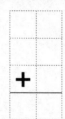

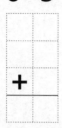

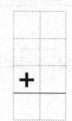

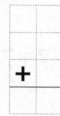

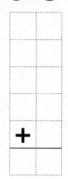

❶ 4×2

❷ 6×3

❸ 9×2

❹ 8×3

❺ 8×5

❻ 2×4

❼ 7×4

❽ 6×5

❾ 3×9

❿ 4×7

⓫ 9×6

⓬ 7×9

자기 점수에 ○표 하세요

맞힌 개수	6개 이하	7~8개	9~10개	11~12개
학습 방법	개념을 다시 공부하세요.	조금 더 노력 하세요.	실수하면 안 돼요.	참 잘했어요.

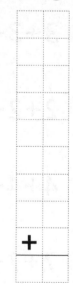

같은 수 여러 번 더하기

월	일
분	초
	/10

정답 22쪽

덧셈식을 곱셈식으로 나타내고 계산하세요.

❶ 9+9=□×□=□

❷ 4+4+4=□×□=□

❸ 8+8+8+8=□×□=□

❹ 9+9+9+9+9=□×□=□

❺ 3+3+3+3+3+3=□×□=□

❻ 4+4+4+4+4+4+4=□×□=□

❼ 9+9+9+9+9+9+9+9=□×□=□

❽ 6+6+6+6+6+6+6+6+6=□×□=□

❾ 9+9+9+9+9+9+9+9+9=□×□=□

❿ 2+2+2+2+2+2+2+2=□×□=□

자기 점수에 ○표 하세요

맞힌 개수	5개 이하	6~7개	8~9개	10개
학습 방법	개념을 다시 공부하세요.	조금 더 노력하세요.	실수하면 안 돼요.	참 잘했어요.

035 단계 2, 5, 3, 4의 단 곱셈구구

◆스스로 학습 관리표◆

- 매일 맞힌 개수를 적고, 걸린 시간만큼 색칠해 보세요.
  (눈금 1칸은 1분이며, 초는 표의 상단에 적으세요.)
- 하루하루 지날수록 실력이 자라고, 계산 속도가 빨라지는 것을 눈으로 직접 확인할 수 있습니다.

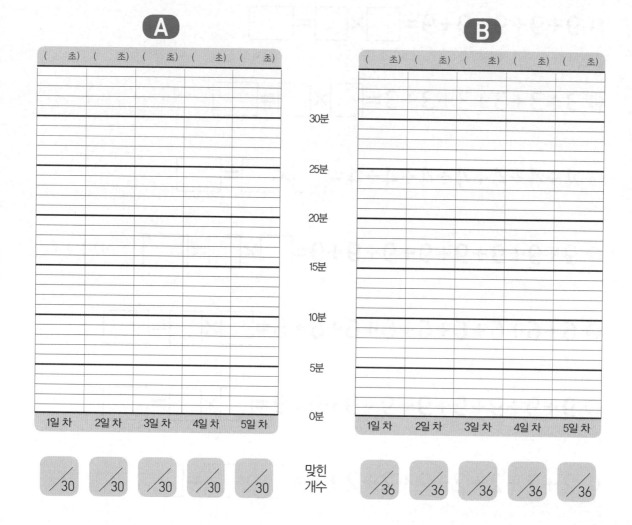

A

(초)	(초)	(초)	(초)	(초)
1일 차	2일 차	3일 차	4일 차	5일 차
/30	/30	/30	/30	/30

30분
25분
20분
15분
10분
5분
0분

맞힌 개수

B

(초)	(초)	(초)	(초)	(초)
1일 차	2일 차	3일 차	4일 차	5일 차
/36	/36	/36	/36	/36

◆개념 포인트◆

곱셈구구

2의 단 : "둘, 넷, 여섯, 여덟, 열……" 하면서 둘씩 묶어 셀 때 많이 쓰여요.

5의 단 : 분침이 1에 있으면 5분, 2에 있으면 10분, 3에 있으면 15분. 이렇게 5단은 시계 분침을 읽을 때 쓰이지요.

3의 단, 4의 단 : 3의 단은 3씩 뛰어 세기를 했을 때, 4의 단은 4씩 뛰어 세기를 했을 때 나오는 수들입니다.

2의 단	5의 단	3의 단	4의 단
2×1=2	5×1=5	3×1=3	4×1=4
2×2=4	5×2=10	3×2=6	4×2=8
2×3=6	5×3=15	3×3=9	4×3=12
2×4=8	5×4=20	3×4=12	4×4=16
2×5=10	5×5=25	3×5=15	4×5=20
2×6=12	5×6=30	3×6=18	4×6=24
2×7=14	5×7=35	3×7=21	4×7=28
2×8=16	5×8=40	3×8=24	4×8=32
2×9=18	5×9=45	3×9=27	4×9=36

예시

가로셈　3×8=24

곱셈표

	2	5
×3	6	15

곱셈구구 가운데 비교적 쉬운 2의 단과 5의 단, 3의 단과 4의 단을 익히는 단계입니다. 곱셈은 같은 수를 여러 번 더한 것이라는 원리를 기억하면서 외우도록 지도해 주세요. 곱셈구구를 이해하지 않고 말로만 외우면 나중에 나눗셈을 배울 때 어려움이 있습니다. 조금 더디게 가더라도 원리를 제대로 이해하고 가는 것이 가장 빠르고 확실한 방법입니다.

1일차 A형

2, 5, 3, 4의 단 곱셈구구

월 일
분 초
/30

곱셈을 하세요.

① 2×3=	② 4×3=	③ 2×6=
④ 4×2=	⑤ 5×5=	⑥ 3×4=
⑦ 3×3=	⑧ 2×4=	⑨ 4×6=
⑩ 5×3=	⑪ 3×8=	⑫ 5×4=
⑬ 2×5=	⑭ 4×7=	⑮ 2×9=
⑯ 4×4=	⑰ 5×7=	⑱ 3×2=
⑲ 3×5=	⑳ 2×8=	㉑ 4×5=
㉒ 5×2=	㉓ 3×9=	㉔ 5×9=
㉕ 4×8=	㉖ 4×9=	㉗ 2×7=
㉘ 3×7=	㉙ 5×6=	㉚ 3×6=

자기 점수에 ○표 하세요

맞힌 개수	20개 이하	21~25개	26~28개	29~30개
학습 방법	개념을 다시 공부하세요.	조금 더 노력 하세요.	실수하면 안 돼요.	참 잘했어요.

1일차 B형 2, 5, 3, 4의 단 곱셈구구

월 일
분 초
/36

정답 23쪽

✎ 다음 곱셈표의 빈칸을 채우세요.

위의 수와 아래의 수를 계산하세요.	2	4	1	3	5	0
×3						
×7						
×4						
×5						
×1						
×2						

자기 점수에 ○표 하세요

맞힌 개수	25개 이하	26~30개	31~34개	35~36개
학습 방법	개념을 다시 공부하세요.	조금 더 노력하세요.	실수하면 안 돼요.	참 잘했어요.

2일차 A형

2, 5, 3, 4의 단 곱셈구구

월 일
분 초
/30

곱셈을 하세요.

❶ 4×7=	❷ 3×7=	❸ 4×8=
❹ 2×5=	❺ 5×7=	❻ 2×6=
❼ 3×3=	❽ 4×6=	❾ 3×4=
❿ 5×3=	⓫ 2×4=	⓬ 5×5=
⓭ 4×2=	⓮ 3×8=	⓯ 2×9=
⓰ 2×7=	⓱ 5×9=	⓲ 3×2=
⓳ 3×5=	⓴ 4×9=	㉑ 2×8=
㉒ 5×2=	㉓ 2×3=	㉔ 3×6=
㉕ 4×4=	㉖ 3×9=	㉗ 4×5=
㉘ 5×4=	㉙ 5×6=	㉚ 5×8=

자기 점수에 ○표 하세요

맞힌 개수	20개 이하	21~25개	26~28개	29~30개
학습 방법	개념을 다시 공부하세요.	조금 더 노력하세요.	실수하면 안 돼요.	참 잘했어요.

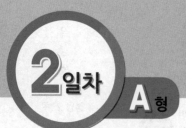

2일차 B형

2, 5, 3, 4의 단 곱셈구구

월 일
분 초
/36

정답 24쪽

다음 곱셈표의 빈칸을 채우세요.

위의 수와 아래의 수를 계산하세요.	2	4	1	3	5	0
×4						
×5						
×9						
×3						
×2						
×1						

자기 점수에 ○표 하세요

맞힌 개수	25개 이하	26~30개	31~34개	35~36개
학습 방법	개념을 다시 공부하세요.	조금 더 노력 하세요.	실수하면 안 돼요.	참 잘했어요.

2, 5, 3, 4의 단 곱셈구구

월	일
분	초
	/30

✎ 곱셈을 하세요.

❶ 2×2=
❷ 2×6=
❸ 3×8=
❹ 3×3=
❺ 4×3=
❻ 4×6=
❼ 4×4=
❽ 3×4=
❾ 3×9=
❿ 5×5=
⓫ 2×7=
⓬ 4×5=
⓭ 2×3=
⓮ 2×8=
⓯ 5×4=
⓰ 3×2=
⓱ 2×9=
⓲ 4×7=
⓳ 2×4=
⓴ 3×6=
㉑ 5×7=
㉒ 4×2=
㉓ 3×5=
㉔ 5×9=
㉕ 2×5=
㉖ 5×3=
㉗ 4×8=
㉘ 5×2=
㉙ 3×7=
㉚ 4×9=

자기 점수에 ○표 하세요

맞힌 개수	20개 이하	21~25개	26~28개	29~30개
학습 방법	개념을 다시 공부하세요.	조금 더 노력 하세요.	실수하면 안 돼요.	참 잘했어요.

2, 5, 3, 4의 단 곱셈구구

월 일
분 초
/36

정답 25쪽

다음 곱셈표의 빈칸을 채우세요.

위의 수와 아래의 수를 계산하세요.	5	4	2	0	1	3
×3						
×8						
×4						
×5						
×1						
×2						

자기 점수에 ○표 하세요

맞힌 개수	25개 이하	26~30개	31~34개	35~36개
학습 방법	개념을 다시 공부하세요.	조금 더 노력하세요.	실수하면 안 돼요.	참 잘했어요.

4일차 A형

2, 5, 3, 4의 단 곱셈구구

월	일
분	초
	/30

곱셈을 하세요.

❶ 5×9=　❷ 4×3=　❸ 2×4=

❹ 3×4=　❺ 5×5=　❻ 4×2=

❼ 2×9=　❽ 3×3=　❾ 4×6=

❿ 5×3=　⓫ 3×8=　⓬ 5×7=

⓭ 4×7=　⓮ 2×5=　⓯ 3×5=

⓰ 5×4=　⓱ 4×4=　⓲ 2×3=

⓳ 4×8=　⓴ 5×6=　㉑ 4×5=

㉒ 2×8=　㉓ 3×9=　㉔ 5×2=

㉕ 4×9=　㉖ 2×7=　㉗ 3×2=

㉘ 5×8=　㉙ 2×6=　㉚ 3×7=

자기 점수에 ○표 하세요

맞힌 개수	20개 이하	21~25개	26~28개	29~30개
학습 방법	개념을 다시 공부하세요.	조금 더 노력 하세요.	실수하면 안 돼요.	참 잘했어요.

2, 5, 3, 4의 단 곱셈구구

월	일
분	초
	/36

정답 26쪽

✎ 다음 곱셈표의 빈칸을 채우세요.

위의 수와 아래의 수를 계산하세요.	3	2	0	5	4	1
×4						
×3						
×7						
×2						
×1						
×5						

자기 점수에 ○표 하세요

맞힌 개수	25개 이하	26~30개	31~34개	35~36개
학습 방법	개념을 다시 공부하세요.	조금 더 노력하세요.	실수하면 안 돼요.	참 잘했어요.

5일차 A형

2, 5, 3, 4의 단 곱셈구구

월	일
분	초
	/30

곱셈을 하세요.

❶ $2\times6=$	❷ $5\times2=$	❸ $2\times3=$
❹ $4\times6=$	❺ $3\times3=$	❻ $3\times5=$
❼ $3\times4=$	❽ $3\times6=$	❾ $5\times3=$
❿ $3\times8=$	⓫ $2\times7=$	⓬ $5\times6=$
⓭ $2\times5=$	⓮ $4\times7=$	⓯ $2\times9=$
⓰ $4\times5=$	⓱ $5\times7=$	⓲ $4\times2=$
⓳ $5\times8=$	⓴ $3\times7=$	㉑ $4\times4=$
㉒ $4\times3=$	㉓ $3\times9=$	㉔ $5\times9=$
㉕ $5\times5=$	㉖ $4\times9=$	㉗ $2\times8=$
㉘ $2\times4=$	㉙ $5\times4=$	㉚ $4\times8=$

자기 점수에 ○표 하세요

맞힌 개수	20개 이하	21~25개	26~28개	29~30개
학습 방법	개념을 다시 공부하세요.	조금 더 노력 하세요.	실수하면 안 돼요.	참 잘했어요.

2, 5, 3, 4의 단 곱셈구구

월 일
분 초
/36

정답 27쪽

다음 곱셈표의 빈칸을 채우세요.

위의 수와 아래의 수를 계산하세요.	0	4	5	3	2	1
×3						
×6						
×4						
×5						
×1						
×2						

자기 점수에 ○표 하세요

맞힌 개수	25개 이하	26~30개	31~34개	35~36개
학습 방법	개념을 다시 공부하세요.	조금 더 노력하세요.	실수하면 안 돼요.	참 잘했어요.

036 단계 6, 7, 8, 9의 단 곱셈구구 (1)

◆스스로 학습 관리표◆

- 매일 맞힌 개수를 적고, 걸린 시간만큼 색칠해 보세요. (눈금 1칸은 1분이며, 초는 표의 상단에 적으세요.)
- 하루하루 지날수록 실력이 자라고, 계산 속도가 빨라지는 것을 눈으로 직접 확인할 수 있습니다.

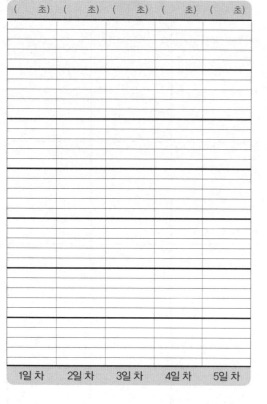

A

1일 차	2일 차	3일 차	4일 차	5일 차
(초)	(초)	(초)	(초)	(초)
/30	/30	/30	/30	/30

B

1일 차	2일 차	3일 차	4일 차	5일 차
(초)	(초)	(초)	(초)	(초)
/36	/36	/36	/36	/36

30분 25분 20분 15분 10분 5분 0분

맞힌 개수

개념 포인트

6의 단 : 6의 단의 수들은 6씩 뛰어 세기를 했을 때 나오는 수들입니다.
6이 짝수이기 때문에 6의 단의 수들은 모두 짝수입니다.
6은 3의 2배인 수라서 3의 단에 나왔던 수들이 나옵니다.

7의 단 : 7의 단의 수들은 7씩 뛰어 세기를 했을 때 나오는 수들입니다.

8의 단 : 8의 단의 수들은 8씩 뛰어 세기를 했을 때 나오는 수들입니다.
8이 짝수이기 때문에 8의 단의 수들은 모두 짝수입니다.
8은 2의 4배이면서 4의 2배인 수라서 2의 단과 4의 단에 나왔던 수들이 나옵니다.

9의 단 : 9의 단의 수들은 9씩 뛰어 세기를 했을 때 나오는 수들입니다.
9는 3의 3배인 수라서 3의 단에 나왔던 수들이 나옵니다.

6의 단	7의 단	8의 단	9의 단
6×1=6	7×1=7	8×1=8	9×1=9
6×2=12	7×2=14	8×2=16	9×2=18
6×3=18	7×3=21	8×3=24	9×3=27
6×4=24	7×4=28	8×4=32	9×4=36
6×5=30	7×5=35	8×5=40	9×5=45
6×6=36	7×6=42	8×6=48	9×6=54
6×7=42	7×7=49	8×7=56	9×7=63
6×8=48	7×8=56	8×8=64	9×8=72
6×9=54	7×9=63	8×9=72	9×9=81

지도 도우미

곱셈구구 가운데 6, 7, 8, 9의 단은 아이들이 어려워하는 부분입니다. 계산한 결과가 크고, 평소에 자주 보는 수가 아니다 보니 어렵게 느낄 수 있습니다. 앞에서와 마찬가지로 곱셈은 같은 수를 여러 번 더한 것이라는 원리를 기억하면서 외우도록 지도해 주세요.

1일차 A형

6, 7, 8, 9의 단 곱셈구구 (1)

월 일
분 초
/30

6×3은 3×6과 똑같아.
순서를 바꿔 곱해도 답은
같은 거야!

곱셈을 하세요.

❶ 6×3=　　❷ 8×6=　　❸ 7×6=

❹ 7×2=　　❺ 9×5=　　❻ 8×4=

❼ 8×3=　　❽ 6×4=　　❾ 9×6=

❿ 9×3=　　⓫ 7×8=　　⓬ 6×9=

⓭ 6×5=　　⓮ 8×7=　　⓯ 7×5=

⓰ 7×4=　　⓱ 9×7=　　⓲ 8×2=

⓳ 8×5=　　⓴ 6×8=　　㉑ 9×9=

㉒ 9×2=　　㉓ 7×9=　　㉔ 6×2=

㉕ 6×7=　　㉖ 8×9=　　㉗ 7×3=

㉘ 7×7=　　㉙ 6×6=　　㉚ 8×8=

자기 점수에 ○표 하세요

맞힌 개수	20개 이하	21~25개	26~28개	29~30개
학습 방법	개념을 다시 공부하세요.	조금 더 노력 하세요.	실수하면 안 돼요.	참 잘했어요.

6, 7, 8, 9의 단 곱셈구구 (1)

월 일
분 초
/36

정답 28쪽

다음 곱셈표의 빈칸을 채우세요.

위의 수와 아래의 수를 계산하세요.	9	6	4	8	0	7
×6						
×7						
×4						
×0						
×8						
×9						

자기 점수에 ○표 하세요

맞힌 개수	25개 이하	26~30개	31~34개	35~36개
학습 방법	개념을 다시 공부하세요.	조금 더 노력 하세요.	실수하면 안 돼요.	참 잘했어요.

6, 7, 8, 9의 단 곱셈구구 (1)

월 일
분 초
/30

✎ 곱셈을 하세요.

❶ 7×6=	❷ 7×2=	❸ 7×9=
❹ 6×9=	❺ 6×6=	❻ 9×5=
❼ 8×9=	❽ 9×6=	❾ 6×8=
❿ 9×4=	⓫ 8×3=	⓬ 9×3=
⓭ 7×3=	⓮ 8×2=	⓯ 6×7=
⓰ 9×9=	⓱ 8×5=	⓲ 9×7=
⓳ 7×4=	⓴ 9×2=	㉑ 7×8=
㉒ 6×4=	㉓ 7×5=	㉔ 8×4=
㉕ 8×6=	㉖ 8×8=	㉗ 7×7=
㉘ 8×7=	㉙ 9×8=	㉚ 6×5=

자기 점수에 ○표 하세요

맞힌 개수	20개 이하	21~25개	26~28개	29~30개
학습 방법	개념을 다시 공부하세요.	조금 더 노력 하세요.	실수하면 안 돼요.	참 잘했어요.

6, 7, 8, 9의 단 곱셈구구 (1)

월	일
분	초
	/36

정답 29쪽

다음 곱셈표의 빈칸을 채우세요.

위의 수와 아래의 수를 계산하세요.	9	6	1	8	0	7
×7						
×0						
×1						
×9						
×6						
×8						

자기 점수에 ○표 하세요

맞힌 개수	25개 이하	26~30개	31~34개	35~36개
학습 방법	개념을 다시 공부하세요.	조금 더 노력 하세요.	실수하면 안 돼요.	참 잘했어요.

6, 7, 8, 9의 단 곱셈구구 (1)

3일차 A형

월 일
분 초
/30

곱셈을 하세요.

❶ 9×2=	❷ 7×7=	❸ 9×9=
❹ 7×5=	❺ 8×7=	❻ 7×2=
❼ 8×8=	❽ 7×4=	❾ 6×8=
❿ 9×8=	⓫ 6×4=	⓬ 9×3=
⓭ 6×7=	⓮ 8×2=	⓯ 7×6=
⓰ 9×7=	⓱ 8×5=	⓲ 6×9=
⓳ 7×8=	⓴ 7×3=	㉑ 8×9=
㉒ 8×4=	㉓ 6×6=	㉔ 9×4=
㉕ 8×6=	㉖ 9×6=	㉗ 7×9=
㉘ 6×5=	㉙ 8×3=	㉚ 9×5=

자기 점수에 ○표 하세요

맞힌 개수	20개 이하	21~25개	26~28개	29~30개
학습 방법	개념을 다시 공부하세요.	조금 더 노력 하세요.	실수하면 안 돼요.	참 잘했어요.

3일차 B형

6, 7, 8, 9의 단 곱셈구구 (1)

월 일
분 초
/36

정답 30쪽

다음 곱셈표의 빈칸을 채우세요.

위의 수와 아래의 수를 계산하세요.	9	6	2	8	0	7
×2						
×9						
×7						
×8						
×6						
×0						

자기 점수에 ○표 하세요

맞힌 개수	25개 이하	26~30개	31~34개	35~36개
학습 방법	개념을 다시 공부하세요.	조금 더 노력하세요.	실수하면 안 돼요.	참 잘했어요.

4일차 A형

6, 7, 8, 9의 단 곱셈구구 (1)

월	일
분	초
	/30

✎ 곱셈을 하세요.

❶ 8×5=

❷ 6×9=

❸ 9×7=

❹ 7×3=

❺ 8×9=

❻ 7×8=

❼ 6×6=

❽ 9×4=

❾ 8×4=

❿ 9×6=

⓫ 7×9=

⓬ 8×6=

⓭ 8×3=

⓮ 9×5=

⓯ 6×5=

⓰ 7×7=

⓱ 9×2=

⓲ 6×3=

⓳ 8×7=

⓴ 7×5=

㉑ 9×9=

㉒ 6×8=

㉓ 8×8=

㉔ 7×4=

㉕ 9×3=

㉖ 9×8=

㉗ 6×4=

㉘ 7×6=

㉙ 6×7=

㉚ 8×2=

자기 점수에 ○표 하세요

맞힌 개수	20개 이하	21~25개	26~28개	29~30개
학습 방법	개념을 다시 공부하세요.	조금 더 노력 하세요.	실수하면 안 돼요.	참 잘했어요.

4일차 B형

6, 7, 8, 9의 단 곱셈구구 (1)

월	일
분	초
	/36

정답 31쪽

다음 곱셈표의 빈칸을 채우세요.

위의 수와 아래의 수를 계산하세요.	3	6	9	8	0	7
×6						
×7						
×0						
×9						
×8						
×3						

자기 점수에 ○표 하세요

맞힌 개수	25개 이하	26~30개	31~34개	35~36개
학습 방법	개념을 다시 공부하세요.	조금 더 노력하세요.	실수하면 안 돼요.	참 잘했어요.

5일차 A형

6, 7, 8, 9의 단 곱셈구구 (1)

월	일
분	초
	/30

곱셈을 하세요.

① 6×6=　② 8×7=　③ 9×9=

④ 7×2=　⑤ 8×8=　⑥ 6×7=

⑦ 8×2=　⑧ 7×6=　⑨ 8×3=

⑩ 7×4=　⑪ 9×7=　⑫ 8×5=

⑬ 9×5=　⑭ 7×8=　⑮ 6×9=

⑯ 6×3=　⑰ 9×2=　⑱ 8×9=

⑲ 7×7=　⑳ 8×6=　㉑ 7×3=

㉒ 6×4=　㉓ 6×5=　㉔ 9×6=

㉕ 6×8=　㉖ 7×5=　㉗ 6×2=

㉘ 9×3=　㉙ 8×4=　㉚ 7×9=

자기 점수에 ○표 하세요

맞힌 개수	20개 이하	21~25개	26~28개	29~30개
학습 방법	개념을 다시 공부하세요.	조금 더 노력 하세요.	실수하면 안 돼요.	참 잘했어요.

5일차 B형

6, 7, 8, 9의 단 곱셈구구 (1)

월	일
분	초
	/36

정답 32쪽

다음 곱셈표의 빈칸을 채우세요.

위의 수와 아래의 수를 계산하세요.	4	7	6	9	0	8
×7						
×9						
×0						
×4						
×6						
×8						

자기 점수에 ○표 하세요

맞힌 개수	25개 이하	26~30개	31~34개	35~36개
학습 방법	개념을 다시 공부하세요.	조금 더 노력하세요.	실수하면 안 돼요.	참 잘했어요.

세 단계 묶어 풀기 O34 ~ O36단계
같은 수 여러 번 더하기/곱셈구구

월 일
분 초
/22

정답 33쪽

✎ 덧셈식을 곱셈식으로 나타내고 계산하세요.

❶ 4+4+4=□×□=□

❷ 7+7+7+7=□×□=□

❸ 3+3+3+3+3+3+3+3=□×□=□

❹ 6+6+6+6+6+6+6+6+6=□×□=□

✎ 곱셈을 하세요.

❺ 4×9=	❻ 3×7=	❼ 5×7=
❽ 2×8=	❾ 4×6=	❿ 3×8=
⓫ 5×5=	⓬ 2×9=	⓭ 4×7=
⓮ 6×7=	⓯ 8×5=	⓰ 9×7=
⓱ 7×7=	⓲ 9×6=	⓳ 6×3=
⓴ 8×9=	㉑ 7×8=	㉒ 9×4=

창의력 쑥쑥! 수학 퀴즈

어느 학교의 선생님이 체조를 가르칠 때
30명의 학생을 5명씩 나누어서 여섯 줄로
나란히 세웠습니다. 그런데 어느 체조 시간에
6명의 학생이 쉬게 되었습니다. 그러나 이 선생님은
평상시와 같이 각 줄을 5명씩 여섯 줄로
만들려고 합니다. 과연 그렇게 할 수 있을까요?

답 5명씩 여섯 줄이면 30명이 되지만 24명의 학생으로 여섯 줄을 만드는 건 좀 어려워 보입니다. 문제의 왼쪽 그림처럼 따로 떨어진 여섯 줄을 만들기는 힘들 것 같아요. 그렇다면 따로 떨어지지 않고 여섯 줄을 만들면 가능할까요? 여섯 개의 선분으로 이루어진 정육각형이 떠오르네요. 각 줄에 5명씩 여섯 줄, 가능하군요!

037 단계 6, 7, 8, 9의 단 곱셈구구 (2)

◆스스로 학습 관리표◆

- 매일 맞힌 개수를 적고, 걸린 시간만큼 색칠해 보세요. (눈금 1칸은 1분이며, 초는 표의 상단에 적으세요.)
- 하루하루 지날수록 실력이 자라고, 계산 속도가 빨라지는 것을 눈으로 직접 확인할 수 있습니다.

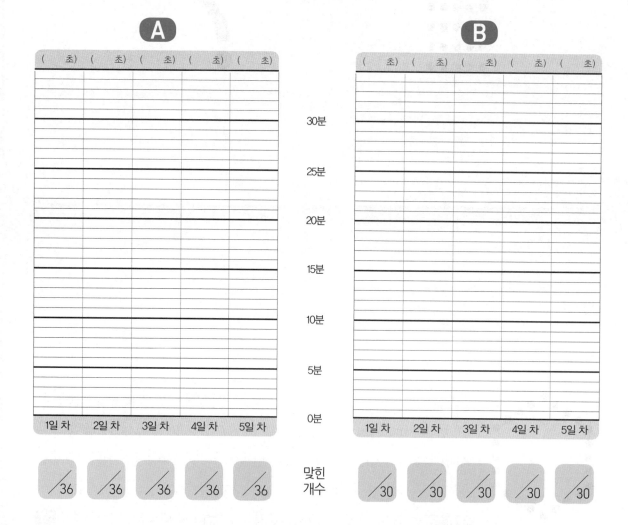

A

(초)	(초)	(초)	(초)	(초)
1일 차	2일 차	3일 차	4일 차	5일 차
/36	/36	/36	/36	/36

30분 25분 20분 15분 10분 5분 0분

맞힌 개수

B

(초)	(초)	(초)	(초)	(초)
1일 차	2일 차	3일 차	4일 차	5일 차
/30	/30	/30	/30	/30

◆개념 포인트◆

곱셈표 속 규칙 찾기

6의 단, 7의 단, 8의 단, 9의 단을 외웠으면 곱셈표의 빈칸을 채우면서 곱셈의 규칙을 찾아봅시다.

	8	6	9	7
×3				21
×4				28
×7				49

7×4는 7×3보다 얼마나 클까요?

7×7은 7×3과 7×4의 합과 같네요! 왜 그럴까요?

7×4는 7을 4번 더한 것이고, 7×3은 7을 3번 더한 것입니다.

그러니 7×4가 7×3보다 7만큼 크지요!

7×7은 7을 7번 더한 것입니다.

7을 3번 더한 것과 7을 4번 더한 것을 더하면 7을 총 7번 더한 것이니까 같을 수밖에 없네요!

$$\underbrace{7+7+7}_{7\times3}+\underbrace{7+7+7+7}_{7\times4}=\boxed{7}\times\boxed{7}=\boxed{49}$$

예시

가로셈　8×9=72

곱셈표

	7	9
×6	42	54

곱셈표를 완성할 때 가로와 세로에 있는 수를 잘 보고 곱셈을 해야 합니다. 여러 개의 빈칸을 채우는 과정에서 집중력이 약한 아이들은 산만해질 수 있습니다. 빈칸을 다 채운 후에는 곱셈표의 가로줄 또는 세로줄 전체를 보며 어떤 규칙이 있는지 살펴보게 하면서 관찰력을 키워 주세요.

6, 7, 8, 9의 단 곱셈구구 (2)

월 일
분 초
/36

✎ 다음 곱셈표의 빈칸을 채우세요.

위의 수와 아래의 수를 계산하세요.	9	6	0	8	2	7
×5						
×8						
×0						
×2						
×7						
×9						

자기 점수에 ○표 하세요

맞힌 개수	25개 이하	26~30개	31~34개	35~36개
학습 방법	개념을 다시 공부하세요.	조금 더 노력하세요.	실수하면 안 돼요.	참 잘했어요.

6, 7, 8, 9의 단 곱셈구구 (2)

월 일
분 초
/30

정답 34쪽

곱셈을 하세요.

❶ $7\times4=$

❷ $9\times5=$

❸ $7\times2=$

❹ $9\times7=$

❺ $6\times3=$

❻ $8\times2=$

❼ $8\times5=$

❽ $6\times9=$

❾ $6\times7=$

❿ $7\times8=$

⓫ $8\times9=$

⓬ $8\times3=$

⓭ $9\times2=$

⓮ $9\times9=$

⓯ $6\times6=$

⓰ $8\times8=$

⓱ $6\times2=$

⓲ $8\times7=$

⓳ $7\times6=$

⓴ $7\times7=$

㉑ $6\times8=$

㉒ $8\times4=$

㉓ $9\times3=$

㉔ $7\times5=$

㉕ $7\times9=$

㉖ $9\times8=$

㉗ $8\times6=$

㉘ $6\times4=$

㉙ $7\times3=$

㉚ $6\times5=$

자기 점수에 ○표 하세요

맞힌 개수	20개 이하	21~25개	26~28개	29~30개
학습 방법	개념을 다시 공부하세요.	조금 더 노력하세요.	실수하면 안 돼요.	참 잘했어요.

6, 7, 8, 9의 단 곱셈구구 (2)

월	일
분	초
	/36

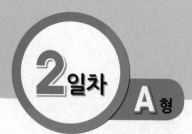

✎ 다음 곱셈표의 빈칸을 채우세요.

위의 수와 아래의 수를 계산하세요.	7	0	4	8	6	9
×4						
×8						
×0						
×9						
×7						
×6						

자기 점수에 ○표 하세요

맞힌 개수	25개 이하	26~30개	31~34개	35~36개
학습 방법	개념을 다시 공부하세요.	조금 더 노력 하세요.	실수하면 안 돼요.	참 잘했어요.

2일차 B형 6, 7, 8, 9의 단 곱셈구구 (2)

월 일
분 초
/30

정답 35쪽

곱셈을 하세요.

❶ $7\times3=$	❷ $8\times6=$	❸ $7\times6=$
❹ $9\times2=$	❺ $6\times5=$	❻ $9\times6=$
❼ $8\times3=$	❽ $7\times4=$	❾ $8\times4=$
❿ $6\times3=$	⓫ $9\times8=$	⓬ $6\times4=$
⓭ $7\times5=$	⓮ $8\times7=$	⓯ $7\times2=$
⓰ $9\times4=$	⓱ $6\times7=$	⓲ $9\times3=$
⓳ $8\times5=$	⓴ $7\times8=$	㉑ $8\times2=$
㉒ $6\times2=$	㉓ $9\times9=$	㉔ $6\times9=$
㉕ $7\times7=$	㉖ $8\times9=$	㉗ $6\times8=$
㉘ $9\times7=$	㉙ $6\times6=$	㉚ $8\times8=$

자기 점수에 ○표 하세요

맞힌 개수	20개 이하	21~25개	26~28개	29~30개
학습 방법	개념을 다시 공부하세요.	조금 더 노력 하세요.	실수하면 안 돼요.	참 잘했어요.

6, 7, 8, 9의 단 곱셈구구 (2)

월	일
분	초
	/36

✎ 다음 곱셈표의 빈칸을 채우세요.

위의 수와 아래의 수를 계산하세요.	3	6	9	8	0	7
×7						
×8						
×9						
×0						
×6						
×3						

자기 점수에 ○표 하세요

맞힌 개수	25개 이하	26~30개	31~34개	35~36개
학습 방법	개념을 다시 공부하세요.	조금 더 노력 하세요.	실수하면 안 돼요.	참 잘했어요.

6, 7, 8, 9의 단 곱셈구구 (2)

월	일
분	초
	/30

정답 36쪽

곱셈을 하세요.

❶ 8×9=	❷ 6×2=	❸ 7×8=
❹ 8×3=	❺ 8×8=	❻ 6×7=
❼ 9×2=	❽ 7×7=	❾ 6×9=
❿ 7×5=	⓫ 9×8=	⓬ 8×5=
⓭ 7×6=	⓮ 8×6=	⓯ 8×2=
⓰ 6×5=	⓱ 9×9=	⓲ 6×3=
⓳ 8×4=	⓴ 9×6=	㉑ 9×7=
㉒ 7×9=	㉓ 8×7=	㉔ 9×4=
㉕ 6×6=	㉖ 7×2=	㉗ 9×5=
㉘ 9×3=	㉙ 6×8=	㉚ 7×4=

자기 점수에 ○표 하세요.

맞힌 개수	20개 이하	21~25개	26~28개	29~30개
학습 방법	개념을 다시 공부하세요.	조금 더 노력하세요.	실수하면 안 돼요.	참 잘했어요.

4일차 A형

6, 7, 8, 9의 단 곱셈구구 (2)

월	일
분	초
	/36

✎ 다음 곱셈표의 빈칸을 채우세요.

위의 수와 아래의 수를 계산하세요.	0	8	7	1	9	6
×8						
×0						
×9						
×6						
×7						
×1						

자기 점수에 ○표 하세요

맞힌 개수	25개 이하	26~30개	31~34개	35~36개
학습 방법	개념을 다시 공부하세요.	조금 더 노력하세요.	실수하면 안 돼요.	참 잘했어요.

6, 7, 8, 9의 단 곱셈구구 (2)

월	일
분	초
	/30

정답 37쪽

곱셈을 하세요.

❶ 9×6=	❷ 6×9=	❸ 6×2=
❹ 8×7=	❺ 8×5=	❻ 8×8=
❼ 7×2=	❽ 9×9=	❾ 7×7=
❿ 6×8=	⓫ 7×8=	⓬ 9×8=
⓭ 9×7=	⓮ 8×9=	⓯ 8×2=
⓰ 9×4=	⓱ 8×3=	⓲ 6×4=
⓳ 9×5=	⓴ 7×6=	㉑ 9×2=
㉒ 7×4=	㉓ 9×3=	㉔ 7×5=
㉕ 6×3=	㉖ 7×9=	㉗ 6×5=
㉘ 6×7=	㉙ 6×6=	㉚ 8×4=

자기 점수에 ○표 하세요

맞힌 개수	20개 이하	21~25개	26~28개	29~30개
학습 방법	개념을 다시 공부하세요.	조금 더 노력 하세요.	실수하면 안 돼요.	참 잘했어요.

5일차 A형

6, 7, 8, 9의 단 곱셈구구 (2)

월	일
분	초
	/36

✎ 다음 곱셈표의 빈칸을 채우세요.

위의 수와 아래의 수를 계산하세요.	9	6	0	8	1	7
×1						
×8						
×0						
×7						
×6						
×9						

자기 점수에 ○표 하세요

맞힌 개수	25개 이하	26~30개	31~34개	35~36개
학습 방법	개념을 다시 공부하세요.	조금 더 노력하세요.	실수하면 안 돼요.	참 잘했어요.

6, 7, 8, 9의 단 곱셈구구 (2)

월	일
분	초
	/30

정답 38쪽

곱셈을 하세요.

❶ 8×7=

❷ 8×5=

❸ 9×9=

❹ 6×8=

❺ 7×2=

❻ 7×4=

❼ 9×3=

❽ 6×6=

❾ 6×4=

❿ 7×6=

⓫ 9×6=

⓬ 8×2=

⓭ 6×5=

⓮ 8×3=

⓯ 9×5=

⓰ 7×3=

⓱ 7×7=

⓲ 9×2=

⓳ 6×9=

⓴ 9×7=

㉑ 7×5=

㉒ 8×9=

㉓ 7×8=

㉔ 8×8=

㉕ 9×4=

㉖ 8×4=

㉗ 9×8=

㉘ 7×9=

㉙ 8×6=

㉚ 6×7=

자기 점수에 ○표 하세요

맞힌 개수	20개 이하	21~25개	26~28개	29~30개
학습 방법	개념을 다시 공부하세요.	조금 더 노력 하세요.	실수하면 안 돼요.	참 잘했어요.

038 단계 곱셈구구 종합 (1)

◆스스로 학습 관리표◆

- 매일 맞힌 개수를 적고, 걸린 시간만큼 색칠해 보세요. (눈금 1칸은 1분이며, 초는 표의 상단에 적으세요.)
- 하루하루 지날수록 실력이 자라고, 계산 속도가 빨라지는 것을 눈으로 직접 확인할 수 있습니다.

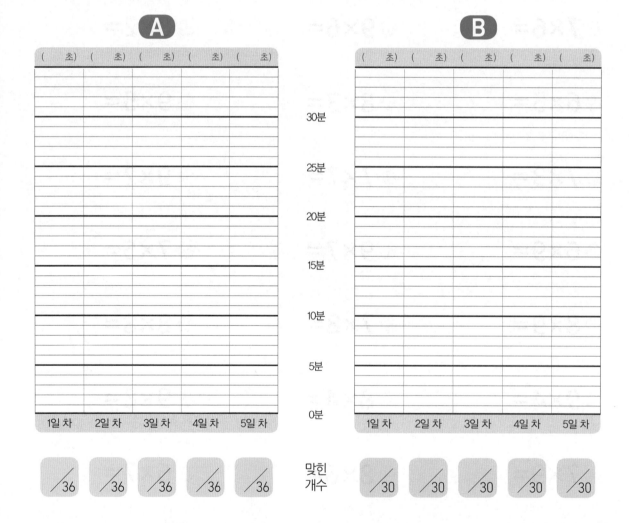

A

(초)	(초)	(초)	(초)	(초)
1일 차	2일 차	3일 차	4일 차	5일 차
/36	/36	/36	/36	/36

30분
25분
20분
15분
10분
5분
0분

맞힌 개수

B

(초)	(초)	(초)	(초)	(초)
1일 차	2일 차	3일 차	4일 차	5일 차
/30	/30	/30	/30	/30

◆개념 포인트◆

완벽하게 곱셈구구 외우기!

곱셈식의 빈칸을 채우면서 곱셈구구를 완전히 익힙니다.

5×☐=40 ➡ 5×[8]=40

5의 단에서 곱이 40이 되는 곱셈식을 찾습니다.

☐×7=56 ➡ [8]×7=56

7의 단에서 곱이 56이 되는 곱셈식을 찾습니다.

곱셈은 두 수를 바꾸어 곱해도 같은 결과가 나오니까

☐×7=7×☐입니다.

예시

곱셈표

	6	8
×7	42	56

빈칸 채우기 5×[8]=40 [8]×7=56

이번 단계와 다음 단계에서 곱셈구구를 완벽하게 익혀야 합니다. 곱셈표를 채우면서 곱셈구구를 다시 복습하고, 빈칸 채우기로 곱셈구구의 원리를 이해할 수 있도록 지도해 주세요. 곱셈구구 범위 내에서의 나눗셈을 미리 경험해 볼 수 있습니다.

곱셈구구 종합 (1)

월 일
분 초
/36

다음 곱셈표의 빈칸을 채우세요.

위의 수와 아래의 수를 계산하세요.	9	4	2	8	3	5
×7						
×6						
×3						
×0						
×4						
×9						

자기 점수에 ○표 하세요

맞힌 개수	25개 이하	26~30개	31~34개	35~36개
학습 방법	개념을 다시 공부하세요.	조금 더 노력 하세요.	실수하면 안 돼요.	참 잘했어요.

1일차 B형

곱셈구구 종합 (1)

월 일
분 초
/30

정답 39쪽

빈칸에 알맞은 수를 넣으세요.

❶ 8×□=64　❷ 9×□=36　❸ 5×□=35

❹ 4×□=24　❺ 3×□=21　❻ 6×□=48

❼ 2×□=16　❽ 7×□=63　❾ 3×□=6

❿ 5×□=45　⓫ 9×□=72　⓬ 8×□=32

⓭ 7×□=49　⓮ 4×□=16　⓯ 6×□=30

⓰ □×6=54　⓱ □×3=24　⓲ □×7=42

⓳ □×7=28　⓴ □×5=40　㉑ □×6=18

㉒ □×5=10　㉓ □×6=42　㉔ □×6=36

㉕ □×9=81　㉖ □×5=25　㉗ □×7=56

㉘ □×9=72　㉙ □×4=20　㉚ □×8=16

자기 점수에 ○표 하세요

맞힌 개수	20개 이하	21~25개	26~28개	29~30개
학습 방법	개념을 다시 공부하세요.	조금 더 노력하세요.	실수하면 안 돼요.	참 잘했어요.

2일차 A형

곱셈구구 종합 (1)

월 일
분 초
/36

다음 곱셈표의 빈칸을 채우세요.

위의 수와 아래의 수를 계산하세요.	6	4	5	8	7	9
×7						
×6						
×3						
×1						
×4						
×9						

자기 점수에 ○표 하세요

맞힌 개수	25개 이하	26~30개	31~34개	35~36개
학습 방법	개념을 다시 공부하세요.	조금 더 노력하세요.	실수하면 안 돼요.	참 잘했어요.

곱셈구구 종합 (1)

월 일
분 초
/30

정답 40쪽

빈칸에 알맞은 수를 넣으세요.

❶ 4×□=28 ❷ 7×□=56 ❸ 6×□=54

❹ 6×□=48 ❺ 8×□=40 ❻ 5×□=30

❼ 8×□=32 ❽ 9×□=27 ❾ 4×□=36

❿ 2×□=18 ⓫ 7×□=63 ⓬ 3×□=24

⓭ 9×□=72 ⓮ 5×□=35 ⓯ 2×□=14

⓰ □×6=42 ⓱ □×6=36 ⓲ □×7=21

⓳ □×4=20 ⓴ □×7=56 ㉑ □×6=24

㉒ □×2=6 ㉓ □×5=10 ㉔ □×5=25

㉕ □×7=63 ㉖ □×6=18 ㉗ □×4=24

㉘ □×8=32 ㉙ □×8=64 ㉚ □×3=21

자기 점수에 ○표 하세요

맞힌 개수	20개 이하	21~25개	26~28개	29~30개
학습 방법	개념을 다시 공부하세요.	조금 더 노력 하세요.	실수하면 안 돼요.	참 잘했어요.

3일차 A형

곱셈구구 종합 (1)

월	일
분	초
	/36

✎ 다음 곱셈표의 빈칸을 채우세요.

위의 수와 아래의 수를 계산하세요.	4	8	5	6	9	3
×1						
×6						
×9						
×2						
×7						
×5						

자기 점수에 ○표 하세요

맞힌 개수	25개 이하	26~30개	31~34개	35~36개
학습 방법	개념을 다시 공부하세요.	조금 더 노력 하세요.	실수하면 안 돼요.	참 잘했어요.

곱셈구구 종합 (1)

월	일
분	초
	/30

정답 41쪽

빈칸에 알맞은 수를 넣으세요.

❶ 6×☐=54 ❷ 4×☐=28 ❸ 9×☐=36

❹ 5×☐=30 ❺ 6×☐=48 ❻ 3×☐=21

❼ 4×☐=8 ❽ 2×☐=16 ❾ 7×☐=63

❿ 8×☐=32 ⓫ 5×☐=45 ⓬ 9×☐=72

⓭ 2×☐=18 ⓮ 3×☐=24 ⓯ 4×☐=16

⓰ ☐×6=42 ⓱ ☐×3=15 ⓲ ☐×7=49

⓳ ☐×4=20 ⓴ ☐×5=40 ㉑ ☐×6=18

㉒ ☐×2=6 ㉓ ☐×3=21 ㉔ ☐×5=30

㉕ ☐×5=45 ㉖ ☐×5=25 ㉗ ☐×4=24

㉘ ☐×9=72 ㉙ ☐×4=28 ㉚ ☐×8=32

자기 점수에 ○표 하세요

맞힌 개수	20개 이하	21~25개	26~28개	29~30개
학습 방법	개념을 다시 공부하세요.	조금 더 노력 하세요.	실수하면 안 돼요.	참 잘했어요.

곱셈구구 종합 (1)

월 일
분 초
/36

✎ 다음 곱셈표의 빈칸을 채우세요.

위의 수와 아래의 수를 계산하세요.	4	8	9	3	7	6
×8						
×5						
×2						
×3						
×9						
×6						

자기 점수에 ○표 하세요

맞힌 개수	25개 이하	26~30개	31~34개	35~36개
학습 방법	개념을 다시 공부하세요.	조금 더 노력 하세요.	실수하면 안 돼요.	참 잘했어요.

4일차 B형

곱셈구구 종합 (1)

월 일
분 초
/30

정답 42쪽

빈칸에 알맞은 수를 넣으세요.

① $6\times\square=18$ ② $2\times\square=8$ ③ $9\times\square=54$

④ $3\times\square=15$ ⑤ $3\times\square=27$ ⑥ $5\times\square=35$

⑦ $9\times\square=63$ ⑧ $4\times\square=20$ ⑨ $2\times\square=16$

⑩ $8\times\square=32$ ⑪ $6\times\square=42$ ⑫ $7\times\square=56$

⑬ $7\times\square=63$ ⑭ $5\times\square=15$ ⑮ $3\times\square=12$

⑯ $\square\times6=48$ ⑰ $\square\times3=24$ ⑱ $\square\times2=10$

⑲ $\square\times7=21$ ⑳ $\square\times4=36$ ㉑ $\square\times3=9$

㉒ $\square\times9=18$ ㉓ $\square\times7=28$ ㉔ $\square\times9=81$

㉕ $\square\times8=32$ ㉖ $\square\times5=45$ ㉗ $\square\times8=64$

㉘ $\square\times5=40$ ㉙ $\square\times4=28$ ㉚ $\square\times9=54$

자기 점수에 ○표 하세요

맞힌 개수	20개 이하	21~25개	26~28개	29~30개
학습 방법	개념을 다시 공부하세요.	조금 더 노력 하세요.	실수하면 안 돼요.	참 잘했어요.

5일차 A형

곱셈구구 종합 (1)

월	일
분	초
	/36

✎ 다음 곱셈표의 빈칸을 채우세요.

위의 수와 아래의 수를 계산하세요.	6	9	7	5	4	8
×8						
×6						
×7						
×3						
×9						
×5						

자기 점수에 ○표 하세요

맞힌 개수	25개 이하	26~30개	31~34개	35~36개
학습 방법	개념을 다시 공부하세요.	조금 더 노력 하세요.	실수하면 안 돼요.	참 잘했어요.

곱셈구구 종합 (1)

월 일
분 초
/30

정답 43쪽

빈칸에 알맞은 수를 넣으세요.

❶ 9×□=36
❷ 5×□=35
❸ 8×□=64
❹ 4×□=20
❺ 3×□=27
❻ 7×□=49
❼ 6×□=24
❽ 2×□=16
❾ 7×□=56
❿ 8×□=32
⓫ 5×□=45
⓬ 9×□=72
⓭ 2×□=18
⓮ 3×□=24
⓯ 4×□=16
⓰ □×6=42
⓱ □×9=54
⓲ □×6=30
⓳ □×7=21
⓴ □×2=18
㉑ □×4=12
㉒ □×5=10
㉓ □×8=48
㉔ □×5=30
㉕ □×6=18
㉖ □×5=45
㉗ □×3=24
㉘ □×9=72
㉙ □×4=20
㉚ □×3=21

자기 점수에 ○표 하세요

맞힌 개수	20개 이하	21~25개	26~28개	29~30개
학습 방법	개념을 다시 공부하세요.	조금 더 노력하세요.	실수하면 안 돼요.	참 잘했어요.

039 단계 곱셈구구 종합 (2)

◆스스로 학습 관리표◆

- 매일 맞힌 개수를 적고, 걸린 시간만큼 색칠해 보세요.
(눈금 1칸은 1분이며, 초는 표의 상단에 적으세요.)
- 하루하루 지날수록 실력이 자라고, 계산 속도가 빨라지는 것을 눈으로 직접 확인할 수 있습니다.

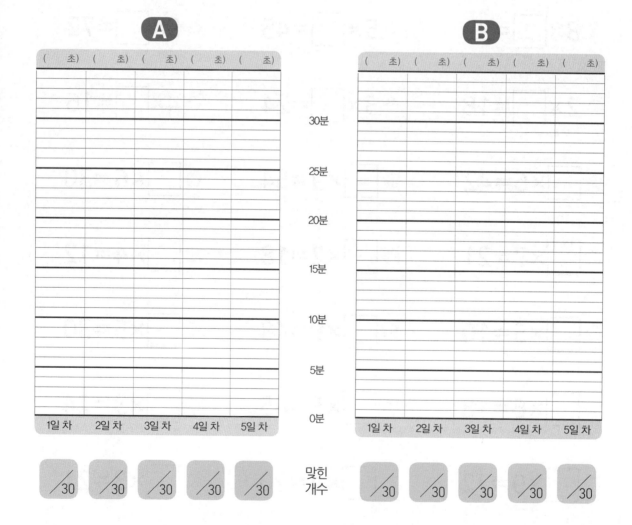

A						B				
(초)	(초)	(초)	(초)	(초)		(초)	(초)	(초)	(초)	(초)
					30분					
					25분					
					20분					
					15분					
					10분					
					5분					
					0분					
1일 차	2일 차	3일 차	4일 차	5일 차		1일 차	2일 차	3일 차	4일 차	5일 차
/30	/30	/30	/30	/30	맞힌 개수	/30	/30	/30	/30	/30

·개념 포인트·

이전 단계에 이어 곱셈구구를 완전히 익히는 단계입니다. 2의 단에서 9의 단까지 (한 자리 수)×(한 자리 수)는 이제 많이 익숙해졌을 거예요.

곱셈구구 중 고학년에서 자주 쓰이는 곱셈식들이 있는데, 같은 수를 곱하는 곱셈식입니다. 같은 수를 두 번 곱하는 것을 제곱한다고 하고, 같은 수를 두 번 곱한 수를 제곱수라고 부릅니다.

제곱수가 나오는 곱셈식을 잘 기억해 두세요.

제곱수
1×1=1
2×2=4
3×3=9
4×4=16
5×5=25
6×6=36
7×7=49
8×8=64
9×9=81
10×10=100

예시

빈칸 채우기

8×[8]=64　　　　[7]×7=49

빠르고 정확한 연산 실력을 위해 곱셈구구는 물론이고 19단 곱셈구구까지 외워야 하는 게 아니냐는 질문을 받는 경우가 있습니다. 19단 곱셈구구까지 외우면 계산할 때 편리하긴 하지만 이제 막 곱셈을 배우기 시작하는 2학년에게는 무리입니다. 두 자리 수 곱셈을 제대로 익히고 1에서 19까지의 제곱수를 익혀도 19단 곱셈구구를 외우는 것과 같은 효과가 있습니다.

곱셈구구 종합 (2)

월 일
분 초
/30

빈칸에 알맞은 수를 넣으세요.

❶ 8×□=64 ❷ 9×□=36 ❸ 5×□=35

❹ 4×□=24 ❺ 3×□=21 ❻ 6×□=48

❼ 2×□=16 ❽ 7×□=63 ❾ 3×□=6

❿ 5×□=45 ⓫ □×6=54 ⓬ □×8=24

⓭ □×4=28 ⓮ □×5=40 ⓯ □×7=42

⓰ □×6=18 ⓱ □×9=18 ⓲ □×7=49

⓳ □×7=28 ⓴ □×4=24 ㉑ 8×□=56

㉒ □×5=25 ㉓ 7×□=21 ㉔ □×3=27

㉕ 8×□=48 ㉖ □×9=54 ㉗ 4×□=32

㉘ □×9=27 ㉙ 2×□=12 ㉚ □×7=63

자기 점수에 ○표 하세요

맞힌 개수	20개 이하	21~25개	26~28개	29~30개
학습 방법	개념을 다시 공부하세요.	조금 더 노력 하세요.	실수하면 안 돼요.	참 잘했어요.

1일차 B형

곱셈구구 종합 (2)

월 일
분 초
/30

정답 44쪽

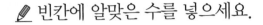

빈칸에 알맞은 수를 넣으세요.

❶ 2×□=8 ❷ □×3=24 ❸ 3×□=21

❹ □×9=54 ❺ 4×□=28 ❻ □×3=15

❼ 3×□=6 ❽ □×3=18 ❾ 7×□=49

❿ □×6=48 ⓫ 3×□=9 ⓬ □×6=12

⓭ 5×□=35 ⓮ □×6=36 ⓯ 9×□=45

⓰ □×6=24 ⓱ 2×□=18 ⓲ □×9=27

⓳ 7×□=21 ⓴ □×3=27 ㉑ 7×□=35

㉒ □×5=30 ㉓ 7×□=63 ㉔ □×3=12

㉕ 8×□=72 ㉖ □×5=40 ㉗ 7×□=14

㉘ □×8=64 ㉙ 4×□=36 ㉚ □×4=20

자기 점수에 ○표 하세요

맞힌 개수	20개 이하	21~25개	26~28개	29~30개
학습 방법	개념을 다시 공부하세요.	조금 더 노력하세요.	실수하면 안 돼요.	참 잘했어요.

2일차 A형

곱셈구구 종합 (2)

월	일
분	초
	/30

✎ 빈칸에 알맞은 수를 넣으세요.

❶ 3×□=12 ❷ □×3=18 ❸ 3×□=27

❹ □×8=32 ❺ 2×□=14 ❻ □×4=20

❼ 3×□=24 ❽ □×8=48 ❾ 4×□=28

❿ □×6=42 ⓫ 3×□=15 ⓬ □×2=14

⓭ 8×□=56 ⓮ □×5=20 ⓯ 9×□=54

⓰ □×3=24 ⓱ 5×□=35 ⓲ □×4=16

⓳ 7×□=28 ⓴ □×5=45 ㉑ 8×□=16

㉒ □×3=9 ㉓ 6×□=36 ㉔ □×9=45

㉕ 2×□=12 ㉖ □×5=40 ㉗ 9×□=18

㉘ □×6=24 ㉙ 7×□=49 ㉚ □×8=72

자기 점수에 ○표 하세요

맞힌 개수	20개 이하	21~25개	26~28개	29~30개
학습 방법	개념을 다시 공부하세요.	조금 더 노력 하세요.	실수하면 안 돼요.	참 잘했어요.

곱셈구구 종합 (2)

월	일
분	초
	/30

정답 45쪽

빈칸에 알맞은 수를 넣으세요.

① 4×□=20
② □×3=21
③ 8×□=64
④ □×7=35
⑤ 6×□=30
⑥ □×6=54
⑦ 5×□=45
⑧ □×7=28
⑨ 2×□=8
⑩ □×7=21
⑪ 4×□=36
⑫ □×2=6
⑬ 8×□=56
⑭ □×8=24
⑮ 8×□=40
⑯ □×4=36
⑰ 4×□=32
⑱ □×5=25
⑲ 2×□=12
⑳ □×6=36
㉑ 6×□=48
㉒ □×5=15
㉓ 2×□=16
㉔ □×4=28
㉕ 4×□=12
㉖ □×9=27
㉗ 8×□=48
㉘ □×9=72
㉙ 6×□=42
㉚ □×3=27

자기 점수에 ○표 하세요

맞힌 개수	20개 이하	21~25개	26~28개	29~30개
학습 방법	개념을 다시 공부하세요.	조금 더 노력하세요.	실수하면 안 돼요.	참 잘했어요.

3일차 A형

곱셈구구 종합 (2)

월 일
분 초
/30

✎ 빈칸에 알맞은 수를 넣으세요.

❶ 3×□=24	❷ □×3=12	❸ 8×□=56
❹ □×4=20	❺ 4×□=36	❻ □×8=16
❼ 3×□=9	❽ □×7=49	❾ 6×□=42
❿ □×2=16	⓫ 2×□=18	⓬ □×4=24
⓭ 7×□=21	⓮ □×6=54	⓯ 9×□=27
⓰ □×4=16	⓱ 8×□=72	⓲ □×9=45
⓳ 6×□=30	⓴ □×9=81	㉑ 7×□=28
㉒ □×5=20	㉓ 5×□=15	㉔ □×4=32
㉕ 6×□=36	㉖ □×7=35	㉗ 6×□=18
㉘ □×8=56	㉙ 3×□=18	㉚ □×3=24

자기 점수에 ○표 하세요

맞힌 개수	20개 이하	21~25개	26~28개	29~30개
학습 방법	개념을 다시 공부하세요.	조금 더 노력 하세요.	실수하면 안 돼요.	참 잘했어요.

곱셈구구 종합 (2)

월	일
분	초
	/30

정답 46쪽

빈칸에 알맞은 수를 넣으세요.

① 8×□=64　② □×6=54　③ 5×□=35

④ □×3=24　⑤ 3×□=21　⑥ □×3=15

⑦ 2×□=16　⑧ □×7=28　⑨ 3×□=6

⑩ □×5=40　⑪ 9×□=72　⑫ □×6=18

⑬ 7×□=49　⑭ □×3=27　⑮ 6×□=30

⑯ □×5=10　⑰ 8×□=32　⑱ □×6=36

⑲ 5×□=45　⑳ □×9=18　㉑ 6×□=48

㉒ □×6=42　㉓ 4×□=16　㉔ □×5=25

㉕ 4×□=24　㉖ □×7=56　㉗ 7×□=63

㉘ □×4=20　㉙ 9×□=36　㉚ □×8=24

자기 점수에 ○표 하세요

맞힌 개수	20개 이하	21~25개	26~28개	29~30개
학습 방법	개념을 다시 공부하세요.	조금 더 노력 하세요.	실수하면 안 돼요.	참 잘했어요.

4일차 A형

곱셈구구 종합 (2)

월	일
분	초
	/30

✎ 빈칸에 알맞은 수를 넣으세요.

❶ $4\times\square=28$ ❷ $\square\times8=64$ ❸ $9\times\square=81$

❹ $\square\times4=24$ ❺ $8\times\square=32$ ❻ $\square\times3=27$

❼ $9\times\square=36$ ❽ $\square\times5=10$ ❾ $7\times\square=49$

❿ $\square\times4=20$ ⓫ $7\times\square=63$ ⓬ $\square\times6=12$

⓭ $3\times\square=24$ ⓮ $\square\times9=54$ ⓯ $2\times\square=18$

⓰ $\square\times6=42$ ⓱ $2\times\square=16$ ⓲ $\square\times7=21$

⓳ $3\times\square=18$ ⓴ $\square\times7=56$ ㉑ $5\times\square=35$

㉒ $\square\times5=15$ ㉓ $4\times\square=12$ ㉔ $\square\times5=25$

㉕ $5\times\square=30$ ㉖ $\square\times3=6$ ㉗ $6\times\square=48$

㉘ $\square\times4=16$ ㉙ $7\times\square=56$ ㉚ $\square\times4=28$

자기 점수에 ○표 하세요

맞힌 개수	20개 이하	21~25개	26~28개	29~30개
학습 방법	개념을 다시 공부하세요.	조금 더 노력하세요.	실수하면 안 돼요.	참 잘했어요.

곱셈구구 종합 (2)

월 일
분 초
/30

정답 47쪽

빈칸에 알맞은 수를 넣으세요.

❶ 6×□=54
❷ □×3=24
❸ 9×□=36
❹ □×6=36
❺ 6×□=48
❻ □×4=20
❼ 3×□=6
❽ □×7=35
❾ 7×□=63
❿ □×6=18
⓫ 5×□=45
⓬ □×4=24
⓭ 2×□=18
⓮ □×3=21
⓯ 4×□=16
⓰ □×6=42
⓱ 3×□=24
⓲ □×7=14
⓳ 8×□=32
⓴ □×5=40
㉑ 3×□=27
㉒ □×3=9
㉓ 5×□=30
㉔ □×5=25
㉕ 4×□=28
㉖ □×9=81
㉗ 9×□=72
㉘ □×8=64
㉙ 2×□=16
㉚ □×8=56

자기 점수에 ○표 하세요.

맞힌 개수	20개 이하	21~25개	26~28개	29~30개
학습 방법	개념을 다시 공부하세요.	조금 더 노력하세요.	실수하면 안 돼요.	참 잘했어요.

곱셈구구 종합 (2)

월 일
분 초
/30

빈칸에 알맞은 수를 넣으세요.

❶ $4\times\square=12$
❷ $\square\times7=21$
❸ $9\times\square=54$
❹ $\square\times8=64$
❺ $3\times\square=27$
❻ $\square\times7=28$
❼ $8\times\square=56$
❽ $\square\times4=24$
❾ $2\times\square=16$
❿ $\square\times9=81$
⓫ $6\times\square=42$
⓬ $\square\times3=18$
⓭ $7\times\square=63$
⓮ $\square\times8=72$
⓯ $3\times\square=12$
⓰ $\square\times6=48$
⓱ $4\times\square=20$
⓲ $\square\times2=10$
⓳ $2\times\square=8$
⓴ $\square\times4=36$
㉑ $3\times\square=15$
㉒ $\square\times9=18$
㉓ $5\times\square=35$
㉔ $\square\times7=63$
㉕ $8\times\square=32$
㉖ $\square\times5=45$
㉗ $7\times\square=56$
㉘ $\square\times5=40$
㉙ $5\times\square=15$
㉚ $\square\times7=49$

자기 점수에 ○표 하세요

맞힌 개수	20개 이하	21~25개	26~28개	29~30개
학습 방법	개념을 다시 공부하세요.	조금 더 노력하세요.	실수하면 안 돼요.	참 잘했어요.

곱셈구구 종합 (2)

월 일
분 초
/30

정답 48쪽

빈칸에 알맞은 수를 넣으세요.

❶ 9×□=36
❷ □×9=54
❸ 8×□=64
❹ □×6=18
❺ 3×□=12
❻ □×7=21
❼ 7×□=63
❽ □×7=35
❾ 7×□=56
❿ □×3=24
⓫ 6×□=24
⓬ □×9=27
⓭ 4×□=16
⓮ □×8=40
⓯ 2×□=18
⓰ □×4=28
⓱ 5×□=45
⓲ □×6=42
⓳ 3×□=15
⓴ □×7=63
㉑ 8×□=32
㉒ □×5=10
㉓ 9×□=72
㉔ □×5=30
㉕ 7×□=49
㉖ □×5=45
㉗ 2×□=16
㉘ □×9=72
㉙ 4×□=28
㉚ □×4=20

자기 점수에 ○표 하세요

맞힌 개수	20개 이하	21~25개	26~28개	29~30개
학습 방법	개념을 다시 공부하세요.	조금 더 노력하세요.	실수하면 안 돼요.	참 잘했어요.

세 단계 묶어 풀기 037 ~ 039단계
6~9의 단 곱셈구구/곱셈구구 종합

월 일
분 초
/36

정답 49쪽

✏ 다음 곱셈표의 빈칸을 채우세요.

위의 수와 아래의 수를 계산하세요.	4	2	8	6	9	7
×3						
×0						
×5						
×1						
×6						
×8						

창의력 쑥쑥! 수학 퀴즈

다음 빈칸에 들어갈 수는 무엇일까요?
일정한 규칙을 찾아보고 알맞은 수를 넣어 주세요.

77	49		18	8

답 왠지 이 수들이 익숙하지 않나요? 곱셈구구를 외우면서 익숙해진 수들 아닌가요? 7×7=49! 그렇다면 다음에 들어갈 수는 4×9=36입니다. 3×6=18이니까 그 다음 수도 규칙에 맞습니다.

040 단계 계산의 활용-길이의 합과 차

◆스스로 학습 관리표◆

- 매일 맞힌 개수를 적고, 걸린 시간만큼 색칠해 보세요.
(눈금 1칸은 1분이며, 초는 표의 상단에 적으세요.)
- 하루하루 지날수록 실력이 자라고, 계산 속도가 빨라지는 것을 눈으로 직접 확인할 수 있습니다.

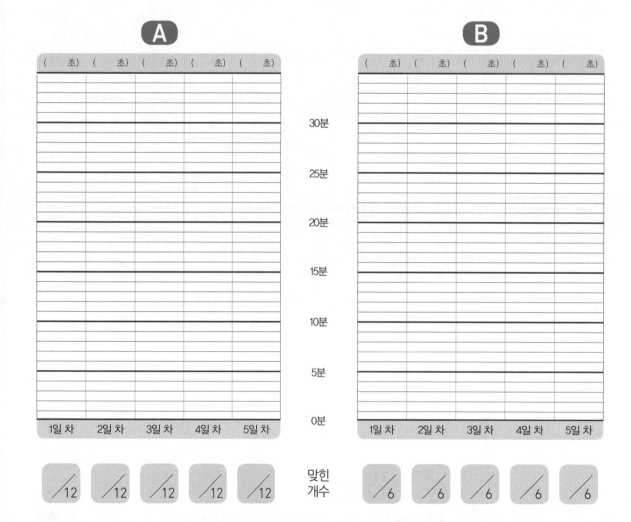

A

(초)	(초)	(초)	(초)	(초)
1일 차	2일 차	3일 차	4일 차	5일 차
/12	/12	/12	/12	/12

30분
25분
20분
15분
10분
5분
0분

맞힌 개수

B

(초)	(초)	(초)	(초)	(초)
1일 차	2일 차	3일 차	4일 차	5일 차
/6	/6	/6	/6	/6

◆개념 포인트◆

길이의 합

m는 m끼리, cm는 cm끼리 더하여 길이의 합을 구할 수 있습니다.
100cm=1m이므로 cm끼리 더한 값이 100보다 크면 100cm를 1m로 받아올림하여 계산합니다.

길이의 차

m는 m끼리, cm는 cm끼리 빼서 길이의 차를 구할 수 있습니다.
즉, 긴 길이에서 짧은 길이를 뺍니다.
이때 cm끼리 뺄 수 없으면 1m를 100cm로 받아내림하여 계산합니다.

예시

세로셈

	2m	40cm
+	3m	25cm
	5m	65cm

	8m	75cm
−	5m	40cm
	3m	35cm

가로셈

2m 40cm+3m 25cm=(2+3)m+(40+25)cm
=5m 65cm

8m 75cm−5m 40cm=(8−5)m+(75−40)cm
=3m 35cm

그동안 배웠던 덧셈과 뺄셈을 길이에 적용하여 계산하는 단계입니다. cm끼리의 합이 100cm보다 크거나 같으면 1m로 받아올림하고, cm끼리 뺄 수 없으면 1m를 100cm로 받아내림하여 계산하도록 지도해 주세요.

1일차 A형

계산의 활용-길이의 합과 차

월	일
분	초
	/12

계산을 하세요.

❶

	1m	20cm
+	4m	30cm
	m	cm

❷

	2m	30cm
+	8m	40cm
	m	cm

❸

	8m	15cm
+	4m	55cm
	m	cm

❹

	2m	68cm
+	1m	25cm
	m	cm

❺

	2m	70cm
+	5m	50cm
	m	cm

❻

	9m	45cm
+	3m	83cm
	m	cm

❼

	8m	47cm
−	4m	25cm
	m	cm

❽

	15m	62cm
−	8m	12cm
	m	cm

❾

	7m	83cm
−	5m	29cm
	m	cm

❿

	3m	50cm
−	1m	35cm
	m	cm

⓫

	8m	16cm
−	2m	72cm
	m	cm

⓬

	9m	39cm
−	5m	86cm
	m	cm

자기 점수에 ○표 하세요

맞힌 개수	6개 이하	7~8개	9~10개	11~12개
학습 방법	개념을 다시 공부하세요.	조금 더 노력하세요.	실수하면 안 돼요.	참 잘했어요.

1일차 B형

계산의 활용-길이의 합과 차

월 일
분 초
/6

cm, m끼리 계산할 때 받아올림, 받아내림을 이용해!

정답 50쪽

✐ 빈칸에 알맞은 수를 넣으세요.

❶ 3m 40cm+5m 20cm=(□+□)m+(□+□)cm
=□m □cm

❷ 2m 15cm+4m 57cm=(□+□)m+(□+□)cm
=□m □cm

❸ 5m 29cm+1m 85cm=(□+□)m+(□+□)cm
=□m □cm
=□m □cm

❹ 6m 47cm−4m 20cm=(□−□)m+(□−□)cm
=□m □cm

❺ 8m 65cm−3m 27cm=(□−□)m+(□−□)cm
=□m □cm

❻ 7m 55cm−1m 83cm=(□−□)m+(□−□)cm
=(□−□)m+(□−□)cm
=□m □cm

자기 점수에 ○표 하세요

맞힌 개수	3개 이하	4개	5개	6개
학습 방법	개념을 다시 공부하세요.	조금 더 노력하세요.	실수하면 안 돼요.	참 잘했어요.

계산의 활용-길이의 합과 차

월 일
분 초
/12

✎ 계산을 하세요.

❶
	3m	43cm
+	4m	15cm
	m	cm

❷
	5m	27cm
+	1m	22cm
	m	cm

❸
	2m	16cm
+	3m	26cm
	m	cm

❹
	4m	57cm
+	6m	35cm
	m	cm

❺
	1m	80cm
+	6m	45cm
	m	cm

❻
	7m	67cm
+	5m	72cm
	m	cm

❼
	6m	93cm
−	3m	51cm
	m	cm

❽
	7m	74cm
−	2m	30cm
	m	cm

❾
	9m	62cm
−	1m	26cm
	m	cm

❿
	4m	81cm
−	2m	43cm
	m	cm

⓫
	8m	34cm
−	5m	73cm
	m	cm

⓬
	15m	15cm
−	8m	46cm
	m	cm

자기 점수에 ○표 하세요

맞힌 개수	6개 이하	7~8개	9~10개	11~12개
학습 방법	개념을 다시 공부하세요.	조금 더 노력 하세요.	실수하면 안 돼요.	참 잘했어요.

2일차 B형

계산의 활용-길이의 합과 차

월 일
분 초
/6

정답 51쪽

빈칸에 알맞은 수를 넣으세요.

❶ 6m 15cm+4m 30cm=(□+□)m+(□+□)cm
=□m □cm

❷ 2m 26cm+5m 39cm=(□+□)m+(□+□)cm
=□m □cm

❸ 5m 47cm+3m 70cm=(□+□)m+(□+□)cm
=□m □cm
=□m □cm

❹ 8m 65cm−3m 45cm=(□−□)m+(□−□)cm
=□m □cm

❺ 9m 81cm−5m 37cm=(□−□)m+(□−□)cm
=□m □cm

❻ 4m 20cm−2m 35cm=(□−□)m+(□−□)cm
=(□−□)m+(□−□)cm
=□m □cm

자기 점수에 ○표 하세요

맞힌 개수	3개 이하	4개	5개	6개
학습 방법	개념을 다시 공부하세요.	조금 더 노력하세요.	실수하면 안 돼요.	참 잘했어요.

3일차 A형

계산의 활용-길이의 합과 차

월	일
분	초
	/12

✎ 계산을 하세요.

❶

	6m	36cm
+	5m	21cm
	m	cm

❷

	1m	80cm
+	7m	17cm
	m	cm

❸

	3m	48cm
+	3m	35cm
	m	cm

❹

	2m	19cm
+	9m	25cm
	m	cm

❺

	5m	82cm
+	2m	26cm
	m	cm

❻

	4m	90cm
+	3m	57cm
	m	cm

❼

	10m	43cm
−	7m	20cm
	m	cm

❽

	6m	89cm
−	5m	47cm
	m	cm

❾

	7m	54cm
−	2m	36cm
	m	cm

❿

	9m	75cm
−	4m	69cm
	m	cm

⓫

	12m	20cm
−	3m	50cm
	m	cm

⓬

	8m	42cm
−	2m	52cm
	m	cm

자기 점수에 ○표 하세요

맞힌 개수	6개 이하	7~8개	9~10개	11~12개
학습 방법	개념을 다시 공부하세요.	조금 더 노력 하세요.	실수하면 안 돼요.	참 잘했어요.

계산의 활용-길이의 합과 차

월 일
분 초
/6

정답 52쪽

빈칸에 알맞은 수를 넣으세요.

❶ 3m 60cm+7m 21cm=(□+□)m+(□+□)cm
=□m □cm

❷ 2m 15cm+7m 56cm=(□+□)m+(□+□)cm
=□m □cm

❸ 4m 85cm+7m 30cm=(□+□)m+(□+□)cm
=□m □cm
=□m □cm

❹ 6m 76cm−1m 31cm=(□−□)m+(□−□)cm
=□m □cm

❺ 13m 92cm−4m 66cm=(□−□)m+(□−□)cm
=□m □cm

❻ 8m 14cm−6m 32cm=(□−□)m+(□−□)cm
=(□−□)m+(□−□)cm
=□m □cm

자기 점수에 ○표 하세요

맞힌 개수	3개 이하	4개	5개	6개
학습 방법	개념을 다시 공부하세요.	조금 더 노력하세요.	실수하면 안 돼요.	참 잘했어요.

4일차 A형

계산의 활용-길이의 합과 차

월 일
분 초
/12

✎ 계산을 하세요.

❶

	3m	17cm
+	8m	52cm
	m	cm

❷

	4m	24cm
+	6m	62cm
	m	cm

❸

	5m	38cm
+	7m	17cm
	m	cm

❹

	5m	24cm
+	6m	56cm
	m	cm

❺

	1m	29cm
+	7m	85cm
	m	cm

❻

	6m	74cm
+	2m	45cm
	m	cm

❼

	9m	73cm
−	5m	41cm
	m	cm

❽

	8m	56cm
−	2m	24cm
	m	cm

❾

	5m	82cm
−	3m	19cm
	m	cm

❿

	6m	48cm
−	3m	29cm
	m	cm

⓫

	10m	25cm
−	4m	62cm
	m	cm

⓬

	7m	38cm
−	1m	74cm
	m	cm

자기 점수에 ○표 하세요

맞힌 개수	6개 이하	7~8개	9~10개	11~12개
학습 방법	개념을 다시 공부하세요.	조금 더 노력 하세요.	실수하면 안 돼요.	참 잘했어요.

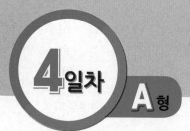

계산의 활용-길이의 합과 차

월 일
분 초
/6

정답 53쪽

빈칸에 알맞은 수를 넣으세요.

❶ 8m 11cm+2m 33cm=(□+□)m+(□+□)cm
=□m □cm

❷ 5m 26cm+3m 34cm=(□+□)m+(□+□)cm
=□m □cm

❸ 2m 72cm+1m 55cm=(□+□)m+(□+□)cm
=□m □cm
=□m □cm

❹ 8m 54cm−7m 23cm=(□−□)m+(□−□)cm
=□m □cm

❺ 9m 67cm−3m 49cm=(□−□)m+(□−□)cm
=□m □cm

❻ 7m 38cm−2m 56cm=(□−□)m+(□−□)cm
=(□−□)m+(□−□)cm
=□m □cm

자기 점수에 ○표 하세요

맞힌 개수	3개 이하	4개	5개	6개
학습 방법	개념을 다시 공부하세요.	조금 더 노력하세요.	실수하면 안 돼요.	참 잘했어요.

5일차 A형

계산의 활용-길이의 합과 차

월 일
분 초
/12

✎ 계산을 하세요.

❶

	4m	53cm
+	2m	16cm
	m	cm

❷

	5m	31cm
+	3m	45cm
	m	cm

❸

	1m	19cm
+	2m	42cm
	m	cm

❹

	7m	38cm
+	2m	47cm
	m	cm

❺

	6m	74cm
+	5m	51cm
	m	cm

❻

	3m	22cm
+	4m	85cm
	m	cm

❼

	4m	86cm
−	3m	24cm
	m	cm

❽

	7m	93cm
−	5m	10cm
	m	cm

❾

	6m	73cm
−	1m	44cm
	m	cm

❿

	8m	71cm
−	2m	55cm
	m	cm

⓫

	5m	23cm
−	2m	33cm
	m	cm

⓬

	9m	12cm
−	5m	75cm
	m	cm

자기 점수에 ○표 하세요

맞힌 개수	6개 이하	7~8개	9~10개	11~12개
학습 방법	개념을 다시 공부하세요.	조금 더 노력하세요.	실수하면 안 돼요.	참 잘했어요.

계산의 활용-길이의 합과 차

월 일
분 초
/6

정답 54쪽

✎ 빈칸에 알맞은 수를 넣으세요.

❶ 7m 47cm+5m 51cm=(□+□)m+(□+□)cm
=□m □cm

❷ 1m 17cm+5m 28cm=(□+□)m+(□+□)cm
=□m □cm

❸ 4m 85cm+3m 57cm=(□+□)m+(□+□)cm
=□m □cm
=□m □cm

❹ 10m 71cm−8m 40cm=(□−□)m+(□−□)cm
=□m □cm

❺ 6m 60cm−4m 19cm=(□−□)m+(□−□)cm
=□m □cm

❻ 9m 34cm−1m 82cm=(□−□)m+(□−□)cm
=(□−□)m+(□−□)cm
=□m □cm

자기 점수에 ○표 하세요

맞힌 개수	3개 이하	4개	5개	6개
학습 방법	개념을 다시 공부하세요.	조금 더 노력 하세요.	실수하면 안 돼요.	참 잘했어요.

전체 묶어 풀기 031~040단계
네 자리 수/곱셈구구

월	일
분	초
	/21

정답 55쪽

빈칸에 알맞은 수를 써넣으세요.

❶ 2589=2000+□+□+9

❷ 4237=□+200+□+7

❸ 1561=□+□+60+1

❹ 7036=□+□+6

❺ 8962=□+□+□+□

❻ 7+7+7+7+7+7+7=□×□=□

❼ 3+3+3+3+3+3+3+3=□×□=□

❽ 9+9+9+9+9=□×□=□

❾ 8+8+8+8+8+8=□×□=□

❿ 6×□=42

⓫ □×4=36

⓬ 3×□=21

⓭ 8×□=72

⓮ □×2=14

⓯ □×4=20

⓰ 7×□=42

⓱ □×8=64

⓲ 4×□=36

⓳ 9×□=18

⓴ □×7=56

㉑ □×9=27

재미있는 수학 이야기

재미있게 곱셈구구 외우는 비법!

곱셈구구 쉽게 외우기 - 거꾸로 곱셈구구

먼저 계산의 답을 본 다음, 어떤 두 수를 곱해야 그 답이 나오는지 말해 보는 거예요. 곱셈구구에서는 답이 팔십 몇인 것($9\times9=81$)과 답이 칠십 몇인 것($9\times8=72$)은 하나씩밖에 없습니다. 답이 육십 몇인 것은 몇 개나 될까요? 두 개입니다. ($8\times8=64$와 $9\times7=63$)
오십 몇인 것은 몇 개일까요? 역시 두 개네요.
($7\times8=56$과 $9\times6=54$) 외워야 되는 게 그리 많지 않아요. 그런데 대개 이런 몇 개의 곱셈이 가장 기억하기 어렵지요. 잘 외워지지 않는 몇 개만 집중해서 외우자고요!

곱셈구구 쉽게 외우기 - 제곱수 먼저 외우기

제곱수부터 먼저 외우세요. 제곱수는 같은 수를 두 번 곱한 수를 말합니다. 일단 외우게 되면 다른 곱셈을 잊어 버렸을 때 기억해 내는 기준으로 쓸 수 있거든요. 예를 들어 7×8이 어렵다면 $7\times7=49$를 기억하고, 여기에 7을 더해서 56을 만듭니다.

관계 있는 식 함께 묶기

덧셈과 뺄셈, 또는 곱셈과 나눗셈 사이의 관계를 이해하려면 관계 있는 식을 함께 써 보세요. 예를 들어 $6\times7=42$를 보고 $7\times6=42$, $42\div6=7$, $42\div7=6$의 식을 써 보는 거지요. 앞의 네 개 식은 모두 같은 수들의 관계를 다른 방식으로 보여 주고 있어요. 덧셈이나 곱셈은 익숙하지만 뺄셈과 나눗셈은 아직 익숙하지 않다면 큰 도움이 될 거예요.

우와~ 벌써 한 권을 다 풀었어요!
실력과 성적이 쑥쑥 올라가는 소리 들리죠?

《계산의 신》 5권에서는 조금 더 어려운 덧셈과 뺄셈을 공부하고, 곱셈과 나눗셈을 배워요. 4권에서 배웠던 곱셈구구를 기억하여 함께 도전해 볼까요?^^

개발 책임 이운영
편집 관리 윤용민
디자인 이현지 임성자
마케팅 박진용
관리 장희정 강진식
용지 영지페이퍼
인쇄 제본 벽호·GKC
유통 북앤북

학부모 체험단의 교재 Review

강현아 (서울_신중초)	**김명진** (서울_신도초)	**김정선** (원주_문막초)	**김진영** (서울_백운초)
나현경 (인천_원당초)	**방윤정** (서울_강서초)	**안조혁** (전주_온빛초)	**오정화** (광주_양산초)
이향숙 (서울_금양초)	**이혜선** (서울_홍파초)	**전예원** (서울_금양초)	

♥ <계산의 신>은 초등학교 학생들의 기본 계산력을 향상시킬 수 있는 최적의 교재입니다. 처음에는 반복 계산이 많아 아이가 지루해하고 계산 실수를 많이 하는 것 같았는데, 점점 계산 속도가 빨라지고 실수도 확연히 줄어 아주 좋았어요.^^

- 서울 서초구 신중초등학교 학부모 강현아

♥ 우리 아이는 수학을 싫어해서 수학 문제집을 좀처럼 풀지 않으려 했는데, 의외로 <계산의 신>은 하루에 2쪽씩 꾸준히 푸네요. 너무 신기하고 뿌듯하여 아이에게 물었더니 "이 책은 숫자만 있어서 쉬운 것 같고, 빨리빨리 풀 수 있어서 좋아요." 라고 하네요. 요즘은 일반 문제집도 집중하여 잘 푸는 것 같아 기특합니다.^^ <계산의 신>은 우리 아이에게 수학에 대한 흥미와 재미를 주는 고마운 책입니다.

- 전주 덕진구 온빛초등학교 학부모 안조혁

♥ 초등 3학년인 우리 아이는 수학을 잘하는 편은 아니지만 제 나름대로 하루에 4~6쪽을 풀었어요. 그러면서 "엄마, 이 책 다 풀고 책 제목처럼 계산의 신이 될 거예요~" 하며 능청떠는 아이의 모습이 정말 예쁘고 대견하네요. <계산의 신>이 비록 계산력을 연습시키는 쉬운 교재이지만 이 교재로 인해 우리 아이가 수학에 관심을 갖고, 앞으로도 수학을 계속 좋아했으면 하는 바람입니다.

- 광주 북구 양산초등학교 학부모 오정화

♥ <계산의 신>은 학부모의 마음까지 헤아려 만든 좋은 책인 것 같아요. 아이가 평소 '시간의 합과 차'를 어려워하여 걱정을 많이 했었는데, <계산의 신>은 그 부분까지 상세하게 다루고 있어 무척 좋았어요. 학생들이 힘들어하는 부분까지 세심하게 파악하여 만든 문제집이라고 생각해요.

- 서울 용산구 금양초등학교 학부모 이향숙

《계산의 신》은

★ 최신 교육과정에 맞춘 단계별 계산 프로그램으로 계산법 완벽 습득
★ '단계별 묶어 풀기', '전체 묶어 풀기'로 체계적 복습까지 한 번에!
★ 좌뇌와 우뇌를 고르게 계발하는 수학 이야기와 수학 퀴즈로 창의성 쑥쑥!

아이들이 수학 문제를 풀 때 자꾸 실수하는 이유는 바로 계산력이 부족하기 때문입니다.
계산 문제에서 실수를 줄이면 점수가 오르고, 점수가 오르면 수학에 자신감이 생깁니다.
아이들에게 《계산의 신》으로 수학의 재미와 자신감을 심어 주세요.

	《계산의 신》 권별 핵심 내용		
초등 1학년	1권	자연수의 덧셈과 뺄셈 기본(1)	합과 차가 9까지인 덧셈과 뺄셈 받아올림/내림이 없는 (두 자리 수)±(한 자리 수)
	2권	자연수의 덧셈과 뺄셈 기본(2)	받아올림/내림이 없는 (두 자리 수)±(두 자리 수) 받아올림/내림이 있는 (한/두 자리 수)±(한 자리 수)
초등 2학년	3권	자연수의 덧셈과 뺄셈 발전	(두 자리 수)±(한 자리 수) (두 자리 수)±(두 자리 수)
	4권	네 자리 수/곱셈구구	네 자리 수 곱셈구구
초등 3학년	5권	자연수의 덧셈과 뺄셈/곱셈과 나눗셈	(세 자리 수)±(세 자리 수), (두 자리 수)×(한 자리 수) 곱셈구구 범위에서의 나눗셈
	6권	자연수의 곱셈과 나눗셈 발전	(세 자리 수)×(한 자리 수), (두 자리 수)×(두 자리 수) (두/세 자리 수)÷(한 자리 수)
초등 4학년	7권	자연수의 곱셈과 나눗셈 심화	(세 자리 수)×(두 자리 수) (두/세 자리 수)÷(두 자리 수)
	8권	분수와 소수의 덧셈과 뺄셈 기본	분모가 같은 분수의 덧셈과 뺄셈 소수의 덧셈과 뺄셈
초등 5학년	9권	자연수의 혼합 계산/분수의 덧셈과 뺄셈	자연수의 혼합 계산, 약수와 배수, 약분과 통분 분모가 다른 분수의 덧셈과 뺄셈
	10권	분수와 소수의 곱셈	(분수)×(자연수), (분수)×(분수) (소수)×(자연수), (소수)×(소수)
초등 6학년	11권	분수와 소수의 나눗셈 기본	(분수)÷(자연수), (소수)÷(자연수) (자연수)÷(자연수)
	12권	분수와 소수의 나눗셈 발전	(분수)÷(분수), (자연수)÷(분수), (소수)÷(소수), (자연수)÷(소수), 비례식과 비례배분

KAIST 출신 수학 선생님들이 집필한

계산의 신 神

송명진·박종하 지음

4 초등 2-2

네 자리 수
/ 곱셈구구

정답 및 풀이

KAIST 출신 수학 선생님들이 집필한

계산의 신 神

송명진·박종하 지음

4 초등 2학년 2학기

정 답

1일차 A형 네 자리 수

월 일 / 분 초 / /10

네 자리 수에 대해
알아보자!

빈칸에 알맞은 수나 말을 써넣으세요.

❶ 1000은 900보다 [100] 큰 수입니다.

❷ 1000은 990보다 [10] 큰 수입니다.

❸ 1000이 2이면 [2000]입니다.

❹ 1000이 6이면 [6000]입니다.

❺ 1000이 5이면 [5000]입니다.

❻ 1000이 8이면 [8000]입니다.

❼ 7000은 [칠천]이라고 읽습니다.

❽ 3000은 [삼천]이라고 읽습니다.

❾ 9000은 [구천]이라고 읽습니다.

❿ 4000은 [사천]이라고 읽습니다.

자기 점수에 ○표 하세요

맞힌 개수	5개 이하	6~7개	8~9개	10개
학습 방법	개념을 다시 공부하세요.	조금 더 노력하세요.	실수하면 안 돼요.	참 잘했어요.

1일차 B형 네 자리 수

월 일 / 분 초 / /10

네 자리 수를 확실히
이해하자!

정답 2쪽

빈칸에 알맞은 수나 말을 써넣으세요.

❶ 1000이 2개, 100이 3개, 10이 5개, 1이 8개이면 [2358]입니다.

❷ 1000이 5개, 100이 4개, 10이 1개, 1이 2개이면 [5412]입니다.

❸ 1000이 3개, 100이 6개, 10이 4개, 1이 7개이면 [3647]입니다.

❹ 1000이 4개, 100이 9개, 10이 3개, 1이 5개이면 [4935]입니다.

❺ 1000이 9개, 100이 1개, 10이 4개, 1이 7개이면 [9147]입니다.

❻ 6518은 [육천오백십팔](이)라고 읽습니다.

❼ 3729는 [삼천칠백이십구](이)라고 읽습니다.

❽ 6514는 [육천오백십사](이)라고 읽습니다.

❾ 9267은 [구천이백육십칠](이)라고 읽습니다.

❿ 5396은 [오천삼백구십육](이)라고 읽습니다.

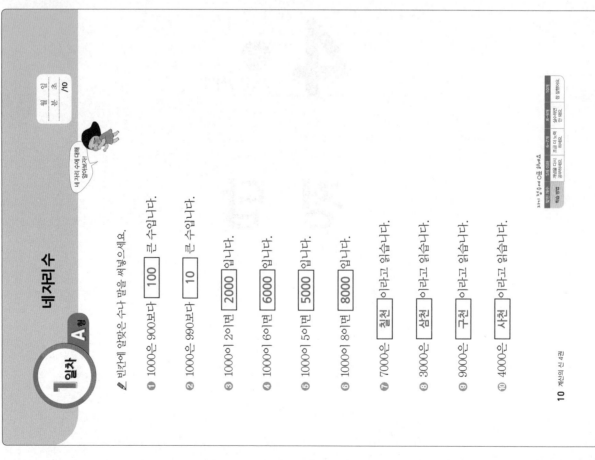

자기 점수에 ○표 하세요

맞힌 개수	5개 이하	6~7개	8~9개	10개
학습 방법	개념을 다시 공부하세요.	조금 더 노력하세요.	실수하면 안 돼요.	참 잘했어요.

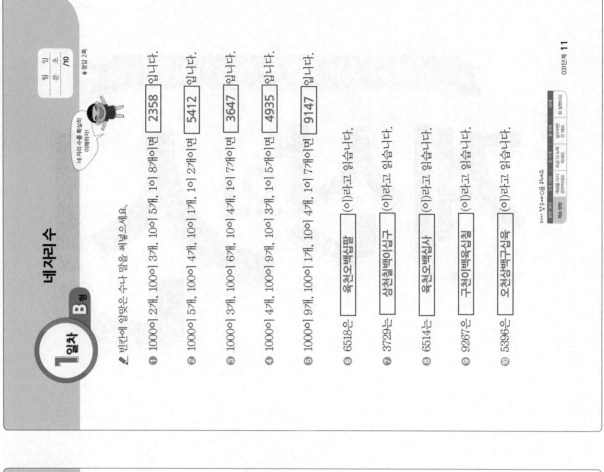

2일차 A형 네자리 수

월 일 / 분 초 / /10

빈칸에 알맞은 수나 말을 써넣으세요.

❶ 1000은 999보다 [1] 큰 수입니다.

❷ 100이 10이면 [1000]입니다.

❸ 1000이 4이면 [4000]입니다.

❹ 1000이 1이면 [1000]입니다.

❺ 1000이 6이면 [6000]입니다.

❻ 1000이 3이면 [3000]입니다.

❼ 5000은 [오천]이라고 읽습니다.

❽ 6000은 [육천]이라고 읽습니다.

❾ 2000은 [이천]이라고 읽습니다.

❿ 8000은 [팔천]이라고 읽습니다.

자기 점수에 ○표 하세요

맞힌 개수	5개 이하	6~7개	8~9개	10개
학습 방법	개념을 다시 공부하세요.	조금 더 노력하세요.	실수하면 안 돼요.	참 잘했어요.

2일차 B형 네자리 수

월 일 / 분 초 / /10

정답 3쪽

빈칸에 알맞은 수나 말을 써넣으세요.

❶ 1000이 4개, 100이 2개, 10이 7개, 1이 6개이면 [4276]입니다.

❷ 1000이 3개, 100이 1개, 10이 9개, 1이 5개이면 [3195]입니다.

❸ 1000이 7개, 100이 2개, 10이 2개, 1이 4개이면 [7224]입니다.

❹ 1000이 6개, 100이 7개, 10이 3개, 1이 0개이면 [6730]입니다.

❺ 1000이 8개, 100이 2개, 10이 3개, 1이 1개이면 [8231]입니다.

❻ 4827은 [사천팔백이십칠](이)라고 읽습니다.

❼ 5066은 [오천육십육](이)라고 읽습니다.

❽ 3195는 [삼천백구십오](이)라고 읽습니다.

❾ 1472는 [천사백칠십이](이)라고 읽습니다.

❿ 9583은 [구천오백팔십삼](이)라고 읽습니다.

자기 점수에 ○표 하세요

맞힌 개수	5개 이하	6~7개	8~9개	10개
학습 방법	개념을 다시 공부하세요.	조금 더 노력하세요.	실수하면 안 돼요.	참 잘했어요.

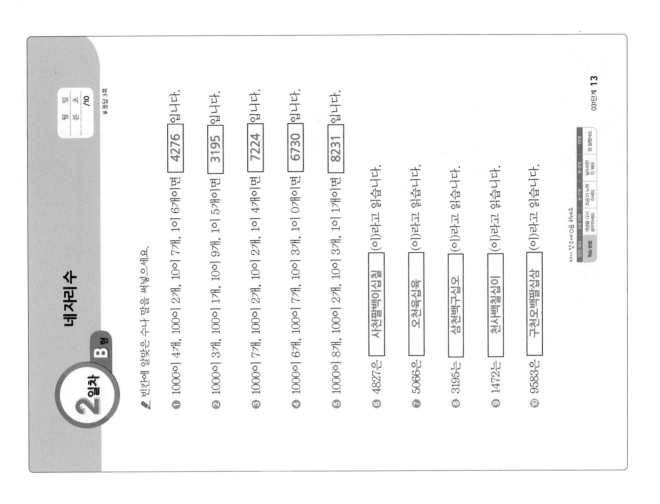

3일차 A형 네 자리 수

월 일 / 분 초 / /10

빈칸에 알맞은 수나 말을 써넣으세요.

1. 900보다 100 큰 수는 [1000] 입니다.
2. 1000이 5이면 [5000] 입니다.
3. 1000이 8이면 [8000] 입니다.
4. 1000이 2이면 [2000] 입니다.
5. 1000이 1이면 [1000] 입니다.
6. 1000이 4이면 [4000] 입니다.
7. 3000은 [삼천] 이라고 읽습니다.
8. 9000은 [구천] 이라고 읽습니다.
9. 7000은 [칠천] 이라고 읽습니다.
10. 5000은 [오천] 이라고 읽습니다.

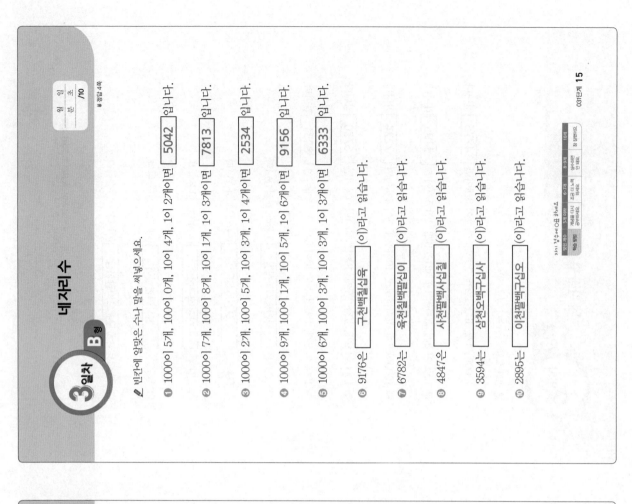

자기 점수에 ○표 하세요

맞힌 개수	5개 이하	6~7개	8~9개	10개
학습 방법	개념을 다시 공부하세요.	조금 더 노력하세요.	실수하면 안 돼요.	참 잘했어요.

3일차 B형 네 자리 수

월 일 / 분 초 / /10

정답 4쪽

빈칸에 알맞은 수나 말을 써넣으세요.

1. 1000이 5개, 100이 0개, 10이 4개, 1이 2개이면 [5042] 입니다.
2. 1000이 7개, 100이 8개, 10이 1개, 1이 3개이면 [7813] 입니다.
3. 1000이 2개, 100이 5개, 10이 3개, 1이 4개이면 [2534] 입니다.
4. 1000이 9개, 100이 1개, 10이 5개, 1이 6개이면 [9156] 입니다.
5. 1000이 6개, 100이 3개, 10이 3개, 1이 3개이면 [6333] 입니다.
6. 9176은 [구천백칠십육] (이)라고 읽습니다.
7. 6782는 [육천칠백팔십이] (이)라고 읽습니다.
8. 4847은 [사천팔백사십칠] (이)라고 읽습니다.
9. 3594는 [삼천오백구십사] (이)라고 읽습니다.
10. 2895는 [이천팔백구십오] (이)라고 읽습니다.

자기 점수에 ○표 하세요

맞힌 개수	5개 이하	6~7개	8~9개	10개
학습 방법	개념을 다시 공부하세요.	조금 더 노력하세요.	실수하면 안 돼요.	참 잘했어요.

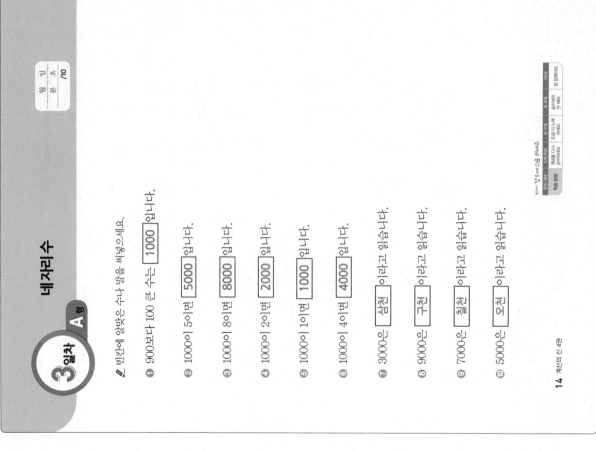

4일차 A형

네 자리 수

월 일 / 분 초 / /10

빈칸에 알맞은 수나 말을 써넣으세요.

❶ 990보다 10 큰 수는 [1000]입니다.

❷ 1000이 3이면 [3000]입니다.

❸ 1000이 7이면 [7000]입니다.

❹ 1000이 9이면 [9000]입니다.

❺ 1000이 5이면 [5000]입니다.

❻ 1000이 8이면 [8000]입니다.

❼ 2000은 [이천]이라고 읽습니다.

❽ 4000은 [사천]이라고 읽습니다.

❾ 3000은 [삼천]이라고 읽습니다.

❿ 6000은 [육천]이라고 읽습니다.

자기 점수에 ○표 하세요

맞힌 개수	5개 이하	6~7개	8~9개	10개
학습 방법	개념을 다시 공부하세요.	조금 더 노력하세요.	실수하면 안 돼요.	참 잘했어요.

4일차 B형

네 자리 수

월 일 / 분 초 / /10

정답 5쪽

빈칸에 알맞은 수나 말을 써넣으세요.

❶ 1000이 6개, 100이 4개, 10이 1개, 1이 5개이면 [6415]입니다.

❷ 1000이 3개, 100이 9개, 10이 2개, 1이 4개이면 [3924]입니다.

❸ 1000이 4개, 100이 3개, 10이 0개, 1이 2개이면 [4302]입니다.

❹ 1000이 1개, 100이 8개, 10이 4개, 1이 6개이면 [1846]입니다.

❺ 1000이 8개, 100이 7개, 10이 4개, 1이 1개이면 [8741]입니다.

❻ 3971은 [삼천구백칠십일](이)라고 읽습니다.

❼ 1684는 [천육백팔십사](이)라고 읽습니다.

❽ 5719는 [오천칠백십구](이)라고 읽습니다.

❾ 2827은 [이천팔백이십칠](이)라고 읽습니다.

❿ 7913은 [칠천구백십삼](이)라고 읽습니다.

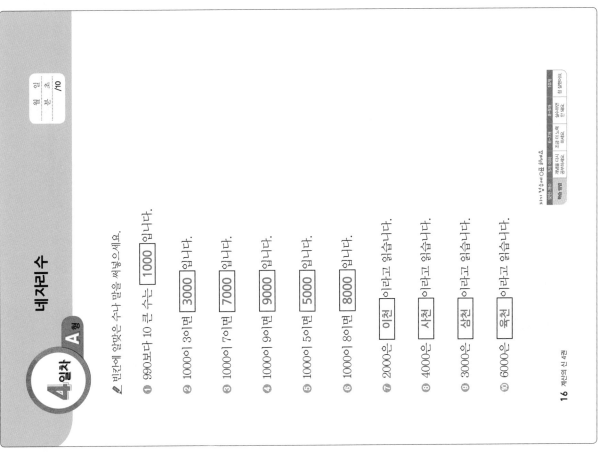

자기 점수에 ○표 하세요

맞힌 개수	5개 이하	6~7개	8~9개	10개
학습 방법	개념을 다시 공부하세요.	조금 더 노력하세요.	실수하면 안 돼요.	참 잘했어요.

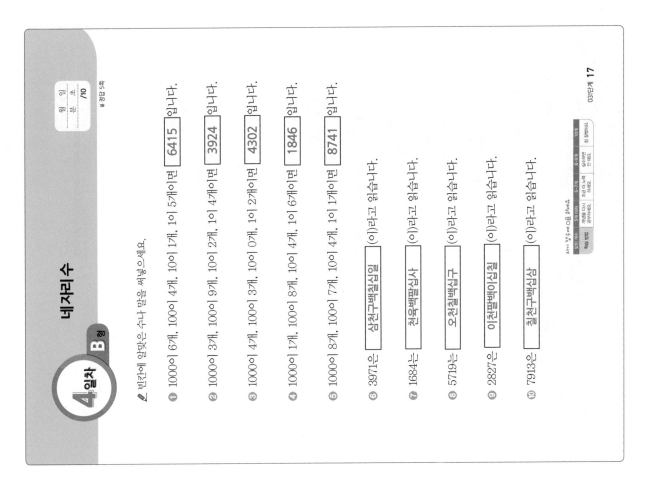

5일차 A형 네 자리 수

월 일 / 분 초 / /10

빈칸에 알맞은 수나 말을 써넣으세요.

1. 999보다 1 큰 수는 [1000] 입니다.
2. 1000이 4이면 [4000] 입니다.
3. 1000이 2이면 [2000] 입니다.
4. 1000이 8이면 [8000] 입니다.
5. 1000이 6이면 [6000] 입니다.
6. 1000이 5이면 [5000] 입니다.
7. 7000은 [칠천] 이라고 읽습니다.
8. 9000은 [구천] 이라고 읽습니다.
9. 1000은 [천] 이라고 읽습니다.
10. 3000은 [삼천] 이라고 읽습니다.

자기 점수에 ○표 하세요

맞힌 개수	5개 이하	6~7개	8~9개	10개
학습 방법	개념을 다시 공부하세요.	조금 더 노력하세요.	실수하면 안 돼요.	참 잘했어요.

5일차 B형 네 자리 수

월 일 / 분 초 / /10

정답 6쪽

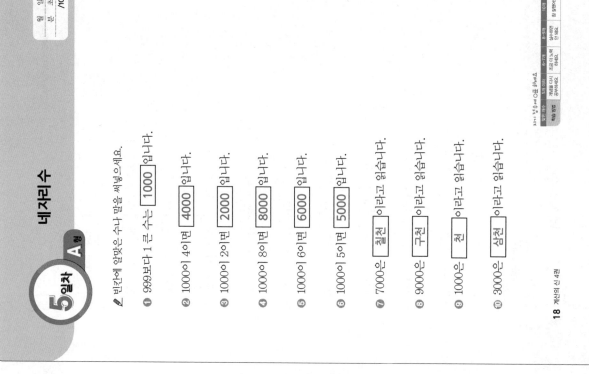

이번 단계에서는 네 자리 수를 읽고 쓰는 방법에 대해 배웠습니다. 다음 단계에서는 각 자리의 숫자가 나타내는 값이 무엇인지 배웁니다.

빈칸에 알맞은 수나 말을 써넣으세요.

1. 1000이 7개, 100이 5개, 10이 3개, 1이 5개이면 [7535] 입니다.
2. 1000이 1개, 100이 8개, 10이 4개, 1이 2개이면 [1842] 입니다.
3. 1000이 5개, 100이 6개, 10이 7개, 1이 3개이면 [5673] 입니다.
4. 1000이 3개, 100이 4개, 10이 1개, 1이 9개이면 [3419] 입니다.
5. 1000이 2개, 100이 7개, 10이 8개, 1이 6개이면 [2786] 입니다.
6. 4316은 [사천삼백십육] (이)라고 읽습니다.
7. 6371은 [육천삼백칠십일] (이)라고 읽습니다.
8. 3568은 [삼천오백육십팔] (이)라고 읽습니다.
9. 2955는 [이천구백오십오] (이)라고 읽습니다.
10. 9309는 [구천삼백구] (이)라고 읽습니다.

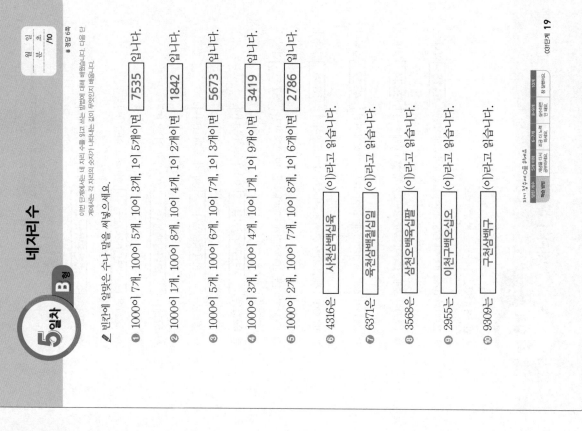

자기 점수에 ○표 하세요

맞힌 개수	5개 이하	6~7개	8~9개	10개
학습 방법	개념을 다시 공부하세요.	조금 더 노력하세요.	실수하면 안 돼요.	참 잘했어요.

1일차 A형

각 자리의 숫자가 나타내는 값

월 일
분 초
/14

밑줄 친 숫자는 몇의 자리 숫자일까?

밑줄 친 숫자 또는 각 자리를 나타내는 숫자가 가리키는 값을 구하세요.

❶ 2795 ⇨ 90
❷ 1374 ⇨ 300
❸ 4518 ⇨ 4000
❹ 3965 ⇨ 5
❺ 6790 ⇨ 700
❻ 9174 ⇨ 70
❼ 5936 ⇨ 5000
❽ 8612 ⇨ 8000
❾ 4316의 천의 자리 숫자 ⇨ 4
❿ 6378의 백의 자리 숫자 ⇨ 3
⓫ 3951의 십의 자리 숫자 ⇨ 5
⓬ 8319의 일의 자리 숫자 ⇨ 9
⓭ 1634의 천의 자리 숫자 ⇨ 1
⓮ 2838의 백의 자리 숫자 ⇨ 8

자기 점수에 ○표 하세요

맞힌 개수	8개 이하	9~10개	11~12개	13~14개
학습 방법	개념을 다시 공부하세요.	조금 더 노력하세요.	실수하면 안 돼요.	참 잘했어요.

1일차 B형

각 자리의 숫자가 나타내는 값

월 일
분 초
/10

정답 7쪽

각 숫자가 나타내는 값을 찾아봐!

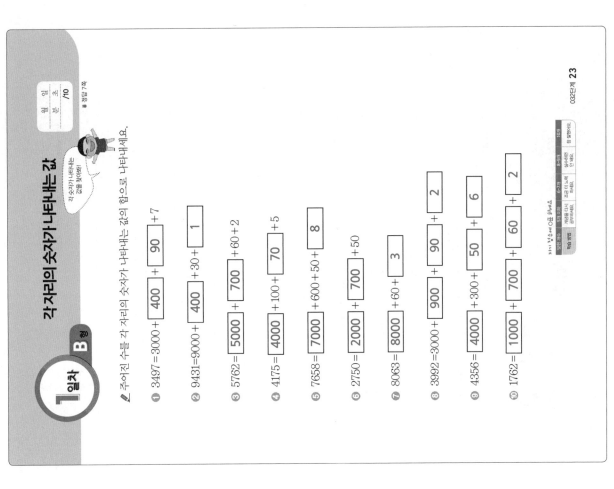

주어진 수를 각 자리의 숫자가 나타내는 값의 합으로 나타내세요.

❶ 3497=3000+400+90+7
❷ 9431=9000+400+30+1
❸ 5762=5000+700+60+2
❹ 4175=4000+100+70+5
❺ 7658=7000+600+50+8
❻ 2750=2000+700+50
❼ 8063=8000+60+3
❽ 3992=3000+900+90+2
❾ 4356=4000+300+50+6
❿ 1762=1000+700+60+2

자기 점수에 ○표 하세요

맞힌 개수	5개 이하	6~7개	8~9개	10개
학습 방법	개념을 다시 공부하세요.	조금 더 노력하세요.	실수하면 안 돼요.	참 잘했어요.

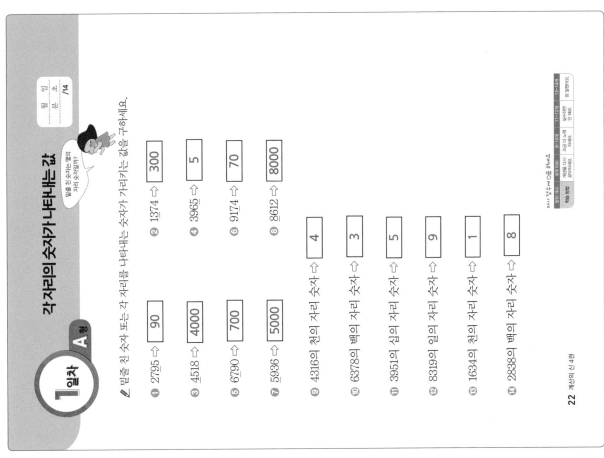

2일차 A형 각 자리의 숫자가 나타내는 값

월 일 / 분 초 / /14

밑줄 친 숫자 또는 각 자리를 나타내는 숫자가 가리키는 값을 구하세요.

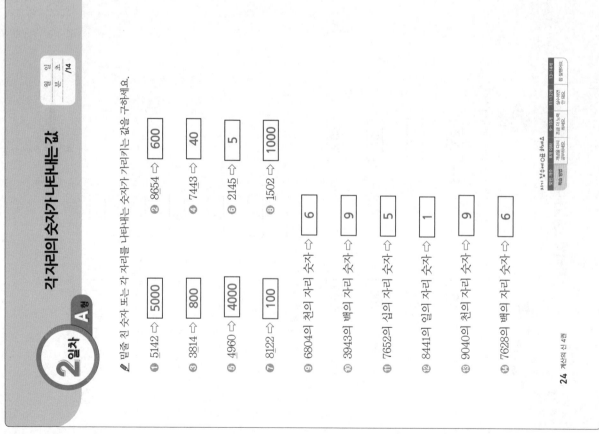

❶ 5142 ⇨ [5000]   ❷ 8654 ⇨ [600]

❸ 3814 ⇨ [800]   ❹ 7443 ⇨ [40]

❺ 4960 ⇨ [4000]   ❻ 2145 ⇨ [5]

❼ 8122 ⇨ [100]   ❽ 1502 ⇨ [1000]

❾ 6804의 천의 자리 숫자 ⇨ [6]

❿ 3943의 백의 자리 숫자 ⇨ [9]

⓫ 7652의 십의 자리 숫자 ⇨ [5]

⓬ 8441의 일의 자리 숫자 ⇨ [1]

⓭ 9040의 천의 자리 숫자 ⇨ [9]

⓮ 7628의 백의 자리 숫자 ⇨ [6]

자기 점수에 ○표 하세요

맞힌 개수	8개 이하	9~10개	11~12개	13~14개
학습 방법	개념을 다시 공부하세요.	조금 더 노력하세요.	실수하면 안 돼요.	참 잘했어요.

2일차 B형 각 자리의 숫자가 나타내는 값

월 일 / 분 초 / /10

정답 8쪽

주어진 수를 각 자리의 숫자가 나타내는 값의 합으로 나타내세요.

❶ 2169 = [2000] + 100 + [60] + 9

❷ 5095 = 5000 + [90] + [5]

❸ 3498 = [3000] + [400] + 90 + 8

❹ 6527 = [6000] + [500] + 20 + 7

❺ 4934 = [4000] + 900 + 30 + [4]

❻ 1659 = 1000 + [600] + 50 + [9]

❼ 7428 = [7000] + [400] + 20 + 8

❽ 9325 = 9000 + [300] + [20] + [5]

❾ 8597 = [8000] + 500 + [90] + [7]

❿ 3946 = [3000] + [900] + [40] + [6]

자기 점수에 ○표 하세요

맞힌 개수	5개 이하	6~7개	8~9개	10개
학습 방법	개념을 다시 공부하세요.	조금 더 노력하세요.	실수하면 안 돼요.	참 잘했어요.

3일차 A형

각 자리의 숫자가 나타내는 값

월 일
분 초
/14

밑줄 친 숫자 또는 각 자리를 나타내는 숫자가 가리키는 값을 구하세요.

❶ 1862 ⇨ 60
❷ 7326 ⇨ 7000
❸ 2169 ⇨ 100
❹ 3947 ⇨ 3000
❺ 5129 ⇨ 20
❻ 8360 ⇨ 300
❼ 4369 ⇨ 4000
❽ 9078 ⇨ 70
❾ 6495의 천의 자리 숫자 ⇨ 6
❿ 1284의 백의 자리 숫자 ⇨ 2
⓫ 3082의 십의 자리 숫자 ⇨ 8
⓬ 4087의 일의 자리 숫자 ⇨ 7
⓭ 9040의 천의 자리 숫자 ⇨ 9
⓮ 7628의 백의 자리 숫자 ⇨ 6

자기 점수에 ○표 하세요

맞힌 개수	8개 이하	9~10개	11~12개	13~14개
학습 방법	개념을 다시 공부하세요.	조금 더 노력하세요.	실수하면 안 돼요.	참 잘했어요.

3일차 B형

각 자리의 숫자가 나타내는 값

월 일
분 초
/10

정답 9쪽

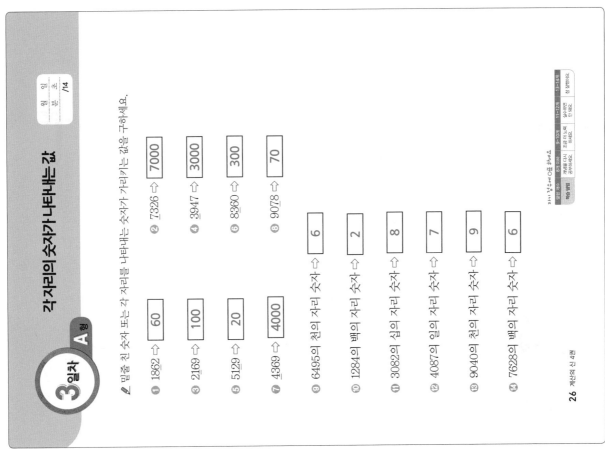

주어진 수를 각 자리의 숫자가 나타내는 값의 합으로 나타내세요.

❶ 1566 = 1000 + 500 + 60 + 6
❷ 4813 = 4000 + 800 + 10 + 3
❸ 5297 = 5000 + 200 + 90 + 7
❹ 9140 = 9000 + 100 + 40
❺ 6735 = 6000 + 700 + 30 + 5
❻ 7298 = 7000 + 200 + 90 + 8
❼ 3944 = 3000 + 900 + 40 + 4
❽ 2381 = 2000 + 300 + 80 + 1
❾ 5094 = 5000 + 90 + 4
❿ 1782 = 1000 + 700 + 80 + 2

자기 점수에 ○표 하세요

맞힌 개수	5개 이하	6~7개	8~9개	10개
학습 방법	개념을 다시 공부하세요.	조금 더 노력하세요.	실수하면 안 돼요.	참 잘했어요.

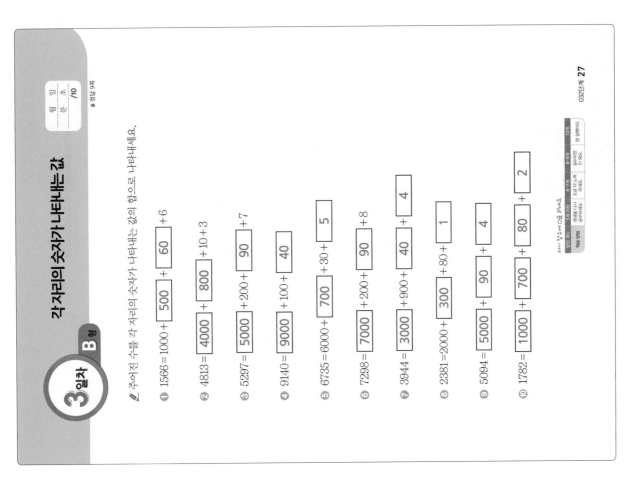

4일차 A형 각 자리의 숫자가 나타내는 값

월 일 / 분 초 / /14

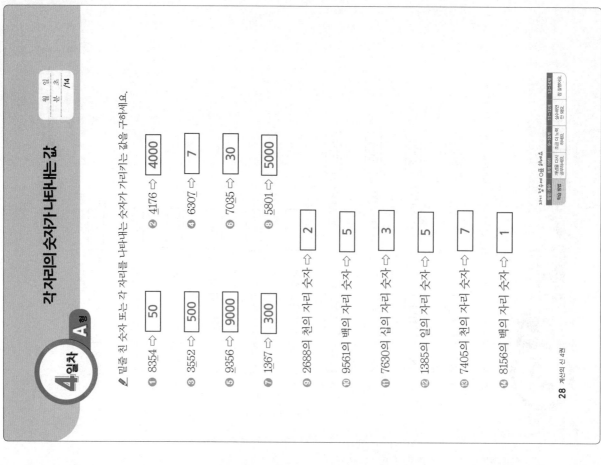

밑줄 친 숫자 또는 각 자리를 나타내는 숫자가 가리키는 값을 구하세요.

❶ 8354 ⇨ 50
❷ 4176 ⇨ 4000
❸ 3552 ⇨ 500
❹ 6307 ⇨ 7
❺ 9356 ⇨ 9000
❻ 7035 ⇨ 30
❼ 1367 ⇨ 300
❽ 5801 ⇨ 5000
❾ 2688의 천의 자리 숫자 ⇨ 2
❿ 9561의 백의 자리 숫자 ⇨ 5
⓫ 7630의 십의 자리 숫자 ⇨ 3
⓬ 1385의 일의 자리 숫자 ⇨ 5
⓭ 7405의 천의 자리 숫자 ⇨ 7
⓮ 8156의 백의 자리 숫자 ⇨ 1

자기 점수에 ○표 하세요

맞힌 개수	8개 이하	9~10개	11~12개	13~14개
학습 방법	개념을 다시 공부하세요.	조금 더 노력하세요.	실수하면 안 돼요.	참 잘했어요.

4일차 B형 각 자리의 숫자가 나타내는 값

월 일 / 분 초 / /10

정답 10쪽

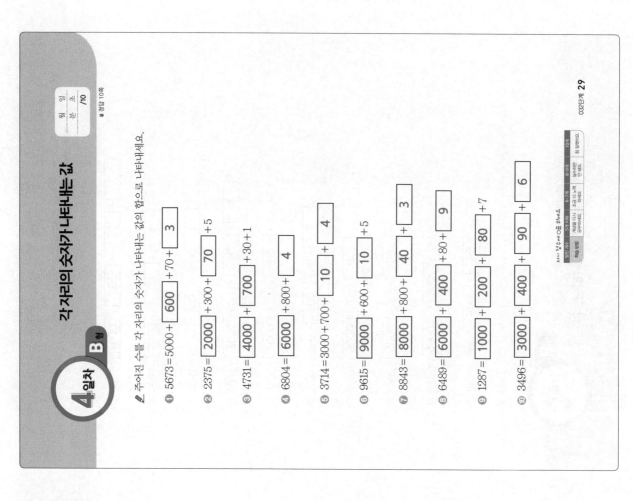

주어진 수를 각 자리의 숫자가 나타내는 값의 합으로 나타내세요.

❶ 5673=5000+600+70+3
❷ 2375=2000+300+70+5
❸ 4731=4000+700+30+1
❹ 6804=6000+800+4
❺ 3714=3000+700+10+4
❻ 9615=9000+600+10+5
❼ 8843=8000+800+40+3
❽ 6489=6000+400+80+9
❾ 1287=1000+200+80+7
❿ 3496=3000+400+90+6

자기 점수에 ○표 하세요

맞힌 개수	5개 이하	6~7개	8~9개	10개
학습 방법	개념을 다시 공부하세요.	조금 더 노력하세요.	실수하면 안 돼요.	참 잘했어요.

5일차 A형

각 자리의 숫자가 나타내는 값

월 일 / 분 초 / /14

✎ 밑줄 친 숫자 또는 각 자리를 나타내는 숫자가 가리키는 값을 구하세요.

❶ 8322 ⇨ 8000　　❷ 4910 ⇨ 900

❸ 6318 ⇨ 8　　❹ 2074 ⇨ 70

❺ 5124 ⇨ 5000　　❻ 9682 ⇨ 80

❼ 5139 ⇨ 100　　❽ 3760 ⇨ 3000

❾ 6208의 천의 자리 숫자 ⇨ 6

❿ 5329의 백의 자리 숫자 ⇨ 3

⓫ 1762의 십의 자리 숫자 ⇨ 6

⓬ 4264의 일의 자리 숫자 ⇨ 4

⓭ 9257의 천의 자리 숫자 ⇨ 9

⓮ 2306의 백의 자리 숫자 ⇨ 3

자기 점수에 ○표 하세요

맞힌 개수	8개 이하	9~10개	11~12개	13~14개
학습 방법	개념을 다시 공부하세요.	조금 더 노력하세요.	실수하면 안 돼요.	참 잘했어요.

5일차 B형

각 자리의 숫자가 나타내는 값

월 일 / 분 초 / /10

정답 11쪽

이번 단계에서는 각 자리의 숫자가 몇을 나타내는지를 배웠습니다. 다음 단계에서는 네 자리 범위 내에서 뛰어 세는 것을 배웁니다.

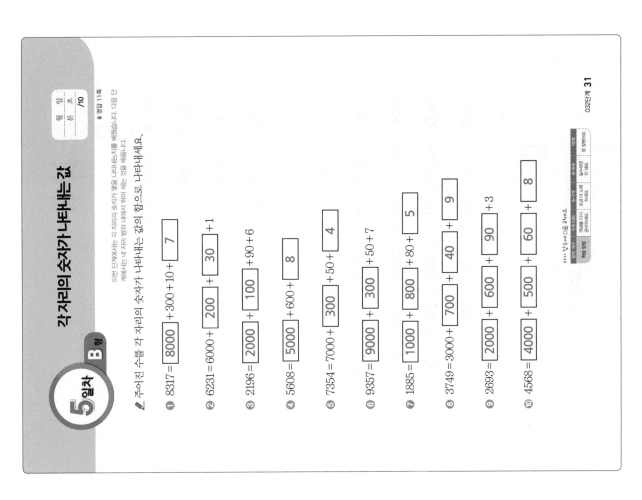

✎ 주어진 수를 각 자리의 숫자가 나타내는 값의 합으로 나타내세요.

❶ 8317 = 8000 + 300 + 10 + 7

❷ 6231 = 6000 + 200 + 30 + 1

❸ 2196 = 2000 + 100 + 90 + 6

❹ 5608 = 5000 + 600 + 8

❺ 7354 = 7000 + 300 + 50 + 4

❻ 9357 = 9000 + 300 + 50 + 7

❼ 1885 = 1000 + 800 + 80 + 5

❽ 3749 = 3000 + 700 + 40 + 9

❾ 2693 = 2000 + 600 + 90 + 3

❿ 4568 = 4000 + 500 + 60 + 8

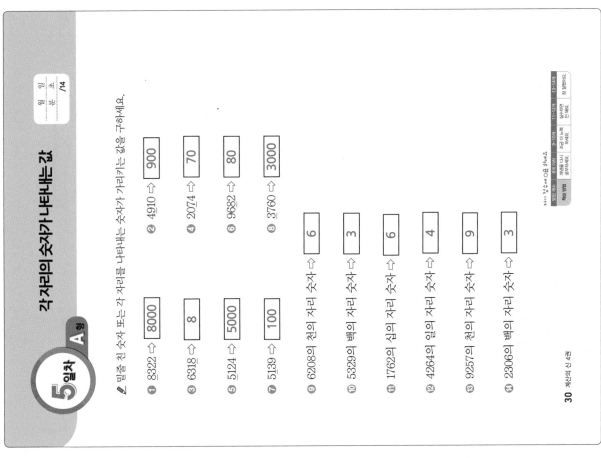

자기 점수에 ○표 하세요

맞힌 개수	5개 이하	6~7개	8~9개	10개
학습 방법	개념을 다시 공부하세요.	조금 더 노력하세요.	실수하면 안 돼요.	참 잘했어요.

1일차 A형 뛰어 세기

월 일
분 초
/10

몇의 자리가 바뀌는
지 생각해 봐!

주어진 수를 알맞게 뛰어 세어 보세요.

❶ 1000 – 2000 – 3000 – 4000 – 5000 – 6000 – 7000 – 8000

❷ 5100 – 5200 – 5300 – 5400 – 5500 – 5600 – 5700 – 5800

❸ 7254 – 7255 – 7256 – 7257 – 7258 – 7259 – 7260 – 7261

❹ 4320 – 4330 – 4340 – 4350 – 4360 – 4370 – 4380 – 4390

❺ 2500 – 3500 – 4500 – 5500 – 6500 – 7500 – 8500 – 9500

❻ 3310 – 3410 – 3510 – 3610 – 3710 – 3810 – 3910 – 4010

❼ 5131 – 5132 – 5133 – 5134 – 5135 – 5136 – 5137 – 5138

❽ 9500 – 8500 – 7500 – 6500 – 5500 – 4500 – 3500 – 2500

❾ 3865 – 3765 – 3665 – 3565 – 3465 – 3365 – 3265 – 3165

❿ 7005 – 7006 – 7007 – 7008 – 7009 – 7010 – 7011 – 7012

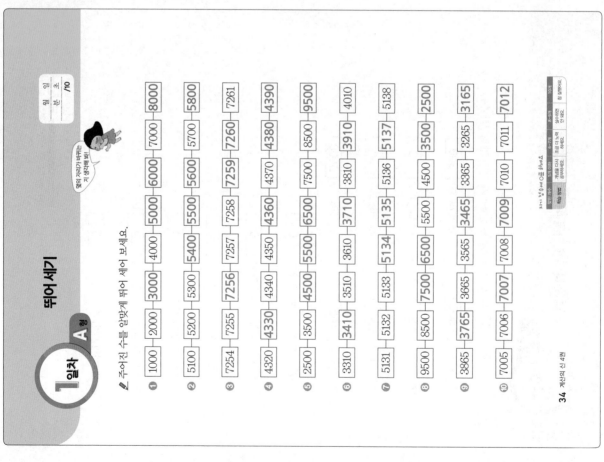

자기 점수에 ○표 하세요

맞힌 개수	5개 이하	6~7개	8~9개	10개
학습 방법	개념을 다시 공부하세요.	조금 더 노력하세요.	실수하면 안 돼요.	참 잘했어요.

1일차 B형 뛰어 세기

월 일
분 초
/2

뒤의 수에서 앞의 수를
뺀 차를 구해 봐!

정답 12쪽

수 배열표에서 ⟶의 수들의 규칙을 찾아 □ 안에 알맞은 수를 써넣으세요.

❶

2100	2200	2300	2400	2500	2600
2700	2800	2900	3000	3100	3200
3300	3400	3500	3600	3700	3800
3900	4000	4100	4200	4300	4400

⇨ ⟶의 수는 2700부터 100 씩 뛰어 센 것입니다.

❷

6320	6330	6340	6350	6360	6370
6380	6390	6400	6410	6420	6430
6440	6450	6460	6470	6480	6490
6500	6510	6520	6530	6540	6550

⇨ ⟶의 수는 6330부터 60 씩 뛰어 센 것입니다.

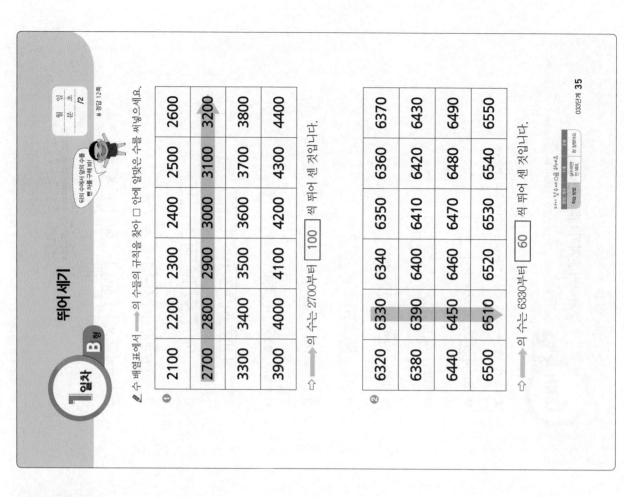

자기 점수에 ○표 하세요

맞힌 개수	1개	2개
학습 방법	실수하면 안 돼요.	참 잘했어요.

2일차 A형 뛰어 세기

월 일 / 분 초 / /10

주어진 수를 알맞게 뛰어 세어 보세요.

❶ 3100 - 3200 - 3300 - 3400 - 3500 - 3600 - 3700 - 3800

❷ 1250 - 2250 - 3250 - 4250 - 5250 - 6250 - 7250 - 8250

❸ 7520 - 7530 - 7540 - 7550 - 7560 - 7570 - 7580 - 7590

❹ 8225 - 8226 - 8227 - 8228 - 8229 - 8230 - 8231 - 8232

❺ 2890 - 3890 - 4890 - 5890 - 6890 - 7890 - 8890 - 9890

❻ 4120 - 4220 - 4320 - 4420 - 4520 - 4620 - 4720 - 4820

❼ 1541 - 1551 - 1561 - 1571 - 1581 - 1591 - 1601 - 1611

❽ 8720 - 7720 - 6720 - 5720 - 4720 - 3720 - 2720 - 1720

❾ 4869 - 4859 - 4849 - 4839 - 4829 - 4819 - 4809 - 4799

❿ 8925 - 7925 - 6925 - 5925 - 4925 - 3925 - 2925 - 1925

자기 점수에 ○표 하세요

맞힌 개수	5개 이하	6~7개	8~9개	10개
학습 방법	개념을 다시 공부하세요.	조금 더 노력하세요.	실수하면 안 돼요.	참 잘했어요.

2일차 B형 뛰어 세기

월 일 / 분 초 / /2

정답 13쪽

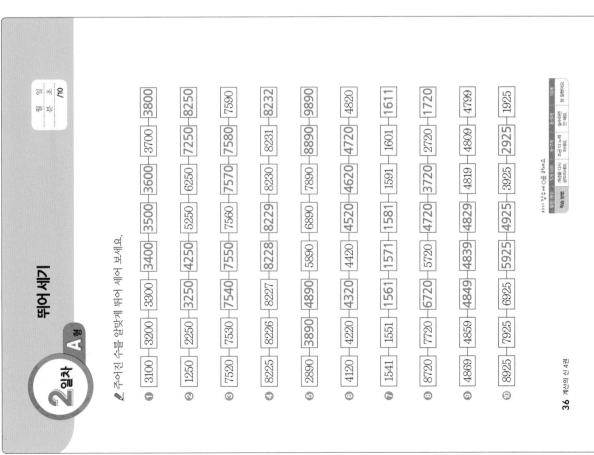

수 배열표에서 ⟶의 수들의 규칙을 찾아 □ 안에 알맞은 수를 써넣으세요.

❶

5650	5750	5850	5950	6050
6150	6250	6350	6450	6550
6650	6750	6850	6950	7050
7150	7250	7350	7450	7550

⇨ ⟶의 수는 7150부터 [100] 씩 뛰어 센 것입니다.

❷

1234	1235	1236	1237	1238	1239
1240	1241	1242	1243	1244	1245
1246	1247	1248	1249	1250	1251
1252	1253	1254	1255	1256	1257

⇨ ⟶의 수는 1234부터 [7] 씩 뛰어 센 것입니다.

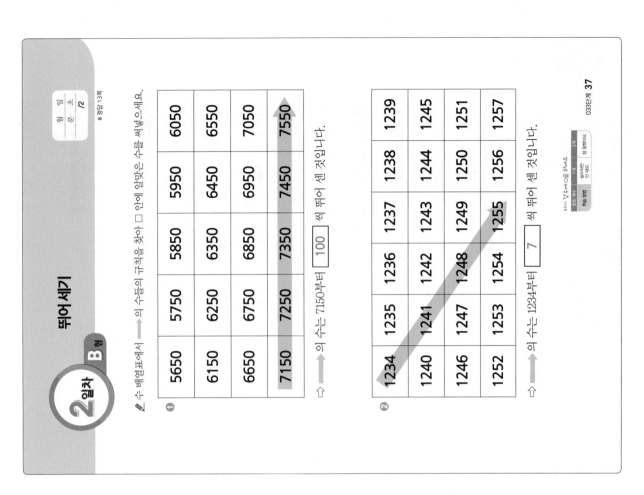

자기 점수에 ○표 하세요

맞힌 개수	1개	2개
학습 방법	실수하면 안 돼요.	참 잘했어요.

3일차 A형 뛰어 세기

월 일 / 분 초 / /10

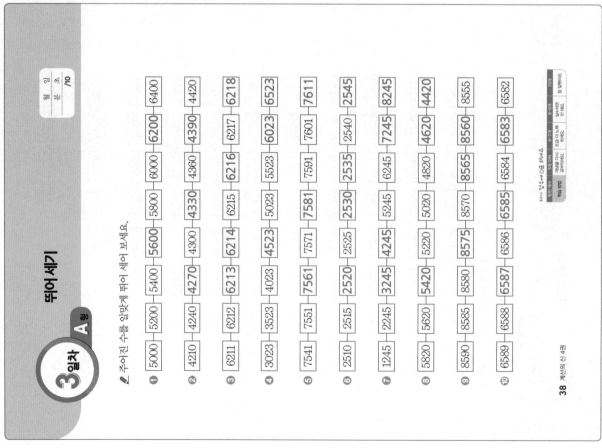

주어진 수를 알맞게 뛰어 세어 보세요.

❶ 5000 – 5200 – 5400 – 5600 – 5800 – 6000 – 6200 – 6400

❷ 4210 – 4240 – 4270 – 4300 – 4330 – 4360 – 4390 – 4420

❸ 6211 – 6212 – 6213 – 6214 – 6215 – 6216 – 6217 – 6218

❹ 3023 – 3523 – 4023 – 4523 – 5023 – 5523 – 6023 – 6523

❺ 7541 – 7551 – 7561 – 7571 – 7581 – 7591 – 7601 – 7611

❻ 2510 – 2515 – 2520 – 2525 – 2530 – 2535 – 2540 – 2545

❼ 1245 – 2245 – 3245 – 4245 – 5245 – 6245 – 7245 – 8245

❽ 5820 – 5620 – 5420 – 5220 – 5020 – 4820 – 4620 – 4420

❾ 8590 – 8585 – 8580 – 8575 – 8570 – 8565 – 8560 – 8555

❿ 6589 – 6588 – 6587 – 6586 – 6585 – 6584 – 6583 – 6582

자기 점수에 ○표 하세요

맞힌 개수	5개 이하	6~7개	8~9개	10개
학습 방법	개념을 다시 공부하세요.	조금 더 노력하세요.	실수하면 안 돼요.	참 잘했어요.

3일차 B형 뛰어 세기

월 일 / 분 초 / /2

정답 14쪽

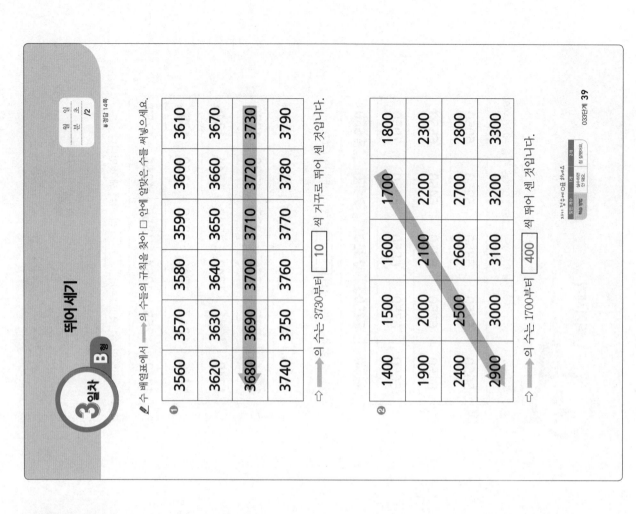

수 배열표에서 ⟶의 수들의 규칙을 찾아 □ 안에 알맞은 수를 써넣으세요.

❶

3560	3570	3580	3590	3600	3610
3620	3630	3640	3650	3660	3670
3680	3690	3700	3710	3720	3730
3740	3750	3760	3770	3780	3790

⇨ ⟶의 수는 3730부터 [10] 씩 거꾸로 뛰어 센 것입니다.

❷

1400	1500	1600	1700	1800
1900	2000	2100	2200	2300
2400	2500	2600	2700	2800
2900	3000	3100	3200	3300

⇨ ⟶의 수는 1700부터 [400] 씩 뛰어 센 것입니다.

자기 점수에 ○표 하세요

맞힌 개수	1개	2개
학습 방법	실수하면 안 돼요.	참 잘했어요.

4일차 A형 뛰어 세기

월 일 / 분 초 / /10

✎ 주어진 수를 알맞게 뛰어 세어 보세요.

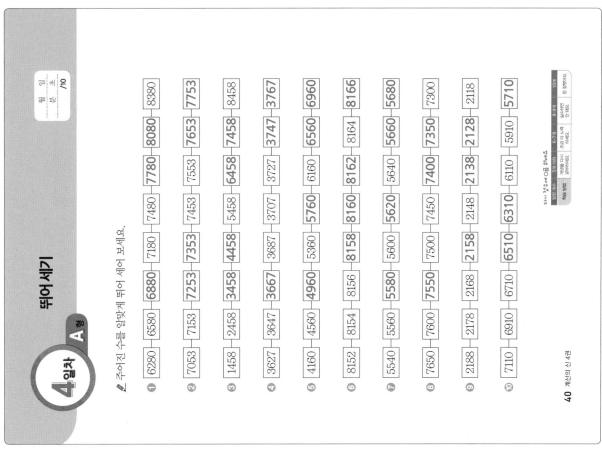

❶ 6280 – 6580 – 6880 – 7180 – 7480 – 7780 – 8080 – 8380

❷ 7053 – 7153 – 7253 – 7353 – 7453 – 7553 – 7653 – 7753

❸ 1458 – 2458 – 3458 – 4458 – 5458 – 6458 – 7458 – 8458

❹ 3627 – 3647 – 3667 – 3687 – 3707 – 3727 – 3747 – 3767

❺ 4160 – 4560 – 4960 – 5360 – 5760 – 6160 – 6560 – 6960

❻ 8152 – 8154 – 8156 – 8158 – 8160 – 8162 – 8164 – 8166

❼ 5540 – 5560 – 5580 – 5600 – 5620 – 5640 – 5660 – 5680

❽ 7650 – 7600 – 7550 – 7500 – 7450 – 7400 – 7350 – 7300

❾ 2188 – 2178 – 2168 – 2158 – 2148 – 2138 – 2128 – 2118

❿ 7110 – 6910 – 6710 – 6510 – 6310 – 6110 – 5910 – 5710

자기 점수에 ○표 하세요

맞힌 개수	5개 이하	6~7개	8~9개	10개
학습 방법	개념을 다시 공부하세요.	조금 더 노력하세요.	실수하면 안 돼요.	참 잘했어요.

4일차 B형 뛰어 세기

월 일 / 분 초 / /2

정답 15쪽

✎ 수 배열표에서 ➡의 수들의 규칙을 찾아 □ 안에 알맞은 수를 써넣으세요.

❶

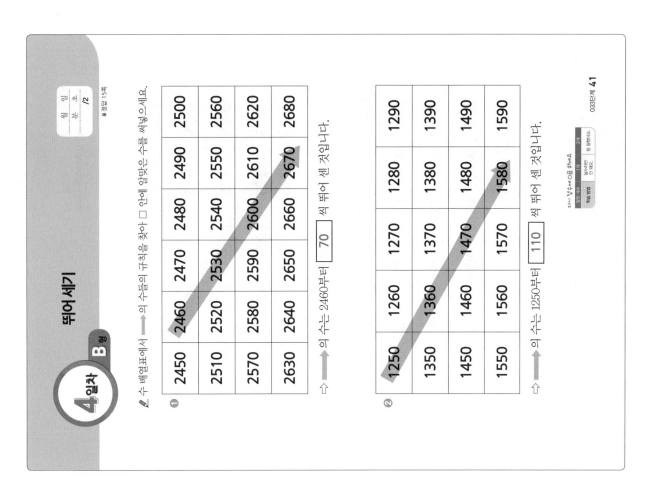

2450	2460	2470	2480	2490	2500
2510	2520	2530	2540	2550	2560
2570	2580	2590	2600	2610	2620
2630	2640	2650	2660	2670	2680

⇨ ➡의 수는 2460부터 [70] 씩 뛰어 센 것입니다.

❷

1250	1260	1270	1280	1290
1350	1360	1370	1380	1390
1450	1460	1470	1480	1490
1550	1560	1570	1580	1590

⇨ ➡의 수는 1250부터 [110] 씩 뛰어 센 것입니다.

자기 점수에 ○표 하세요

맞힌 개수	1개	2개
학습 방법	실수하면 안 돼요.	참 잘했어요.

5일차 A형 뛰어 세기

월 일 / 분 초 / /10

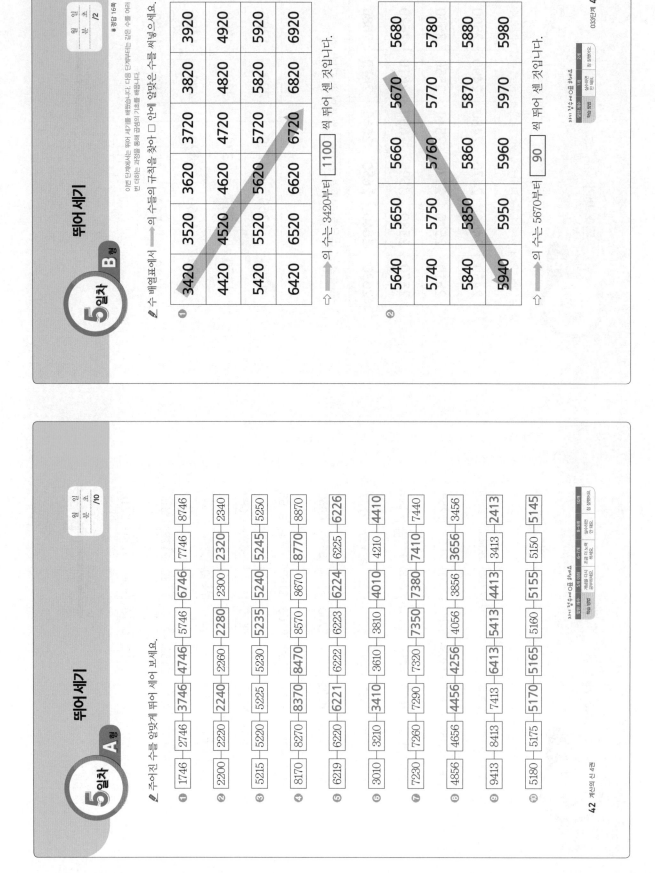

주어진 수를 알맞게 뛰어 세어 보세요.

❶ 1746 - 2746 - 3746 - 4746 - 5746 - 6746 - 7746 - 8746

❷ 2200 - 2220 - 2240 - 2260 - 2280 - 2300 - 2320 - 2340

❸ 5215 - 5220 - 5225 - 5230 - 5235 - 5240 - 5245 - 5250

❹ 8170 - 8270 - 8370 - 8470 - 8570 - 8670 - 8770 - 8870

❺ 6219 - 6220 - 6221 - 6222 - 6223 - 6224 - 6225 - 6226

❻ 3010 - 3210 - 3410 - 3610 - 3810 - 4010 - 4210 - 4410

❼ 7230 - 7260 - 7290 - 7320 - 7350 - 7380 - 7410 - 7440

❽ 4856 - 4656 - 4456 - 4256 - 4056 - 3856 - 3656 - 3456

❾ 9413 - 8413 - 7413 - 6413 - 5413 - 4413 - 3413 - 2413

❿ 5180 - 5175 - 5170 - 5165 - 5160 - 5155 - 5150 - 5145

자기 점수에 ○표 하세요

맞힌 개수	5개 이하	6~7개	8~9개	10개
학습 방법	개념을 다시 공부하세요.	조금 더 노력하세요.	실수하면 안 돼요.	참 잘했어요.

5일차 B형 뛰어 세기

월 일 / 분 초 / /2

정답 16쪽

이번 단계에서는 뛰어 세기를 배웠습니다. 다음 단계부터는 같은 수를 여러 번 더하는 과정을 통해 곱셈의 기초를 배웁니다.

수 배열표에서 ⟶의 수들의 규칙을 찾아 □ 안에 알맞은 수를 써넣으세요.

❶

3420	3520	3620	3720	3820	3920
4420	4520	4620	4720	4820	4920
5420	5520	5620	5720	5820	5920
6420	6520	6620	6720	6820	6920

⇨ ⟶의 수는 3420부터 1100 씩 뛰어 센 것입니다.

❷

5640	5650	5660	5670	5680
5740	5750	5760	5770	5780
5840	5850	5860	5870	5880
5940	5950	5960	5970	5980

⇨ ⟶의 수는 5670부터 90 씩 뛰어 센 것입니다.

자기 점수에 ○표 하세요

맞힌 개수	1개	2개
학습 방법	실수하면 안 돼요.	참 잘했어요.

세 단계 묶어 풀기 031 ~ 033단계
네 자리 수/뛰어 세기

월 일
분 초
/12

정답 17쪽

빈칸에 알맞은 수나 말을 써넣으세요.

❶ 1000이 3개, 100이 4개, 10이 2개, 1이 7개이면 [3427] 입니다.

❷ 1000이 8개, 100이 5개, 10이 6개, 1이 2개이면 [8562] 입니다.

❸ 2913은 [이천구백십삼] (이)라고 읽습니다.

❹ 5366은 [오천삼백육십육] (이)라고 읽습니다.

밑줄 친 숫자가 가리키는 값을 구하세요.

❺ 3854 ⇨ [800]

❻ 7926 ⇨ [7000]

❼ 1529 ⇨ [20]

❽ 2067 ⇨ [7]

주어진 수를 알맞게 뛰어 세어 보세요.

❾ 3500 – 4500 – 5500 – 6500 – 7500 – 8500 – 9500

❿ 1250 – 2250 – 3250 – 4250 – 5250 – 6250 – 7250

⓫ 4113 – 4114 – 4115 – 4116 – 4117 – 4118 – 4119

⓬ 6385 – 6375 – 6365 – 6355 – 6345 – 6335 – 6325

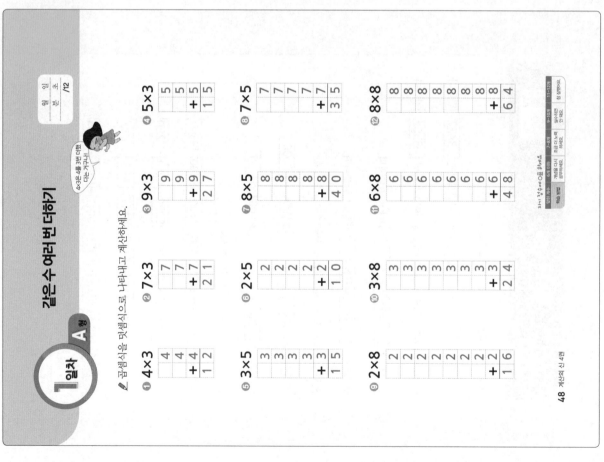

1일차 A형 같은 수 여러 번 더하기

월 일 / 분 초 / /12

4×3은 4를 3번 더했다는 거구나!

곱셈식을 덧셈식으로 나타내고 계산하세요.

❶ 4×3

4
4
+ 4
12

❷ 7×3

7
7
+ 7
21

❸ 9×3

9
9
+ 9
27

❹ 5×3

5
5
+ 5
15

❺ 3×5

3
3
3
3
+ 3
15

❻ 2×5

2
2
2
2
+ 2
10

❼ 8×5

8
8
8
8
+ 8
40

❽ 7×5

7
7
7
7
+ 7
35

❾ 2×8

2
2
2
2
2
2
2
+ 2
16

❿ 3×8

3
3
3
3
3
3
3
+ 3
24

⓫ 6×8

6
6
6
6
6
6
6
+ 6
48

⓬ 8×8

8
8
8
8
8
8
8
+ 8
64

자기 점수에 ○표 하세요

맞힌 개수	6개 이하	7~8개	9~10개	11~12개
학습 방법	개념을 다시 공부하세요.	조금 더 노력하세요.	실수하면 안 돼요.	참 잘했어요.

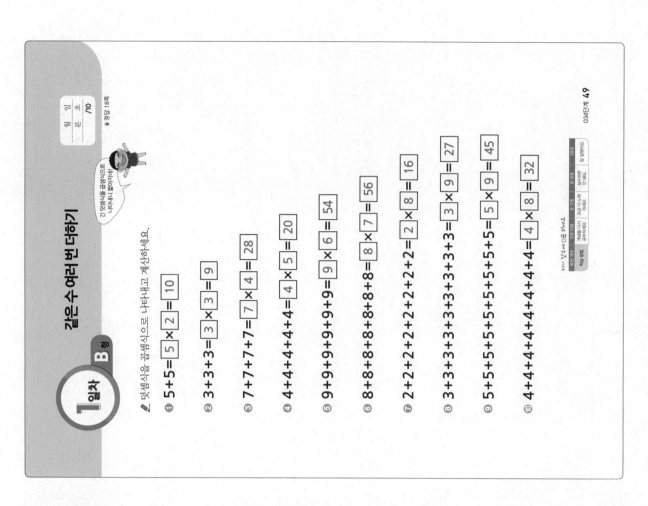

1일차 B형 같은 수 여러 번 더하기

월 일 / 분 초 / /10

정답 18쪽

긴 덧셈식을 곱셈식으로 나타내니 짧아지네!

덧셈식을 곱셈식으로 나타내고 계산하세요.

❶ 5+5=5×2=10

❷ 3+3+3=3×3=9

❸ 7+7+7+7=7×4=28

❹ 4+4+4+4+4=4×5=20

❺ 9+9+9+9+9+9=9×6=54

❻ 8+8+8+8+8+8+8=8×7=56

❼ 2+2+2+2+2+2+2+2=2×8=16

❽ 3+3+3+3+3+3+3+3+3=3×9=27

❾ 5+5+5+5+5+5+5+5+5=5×9=45

❿ 4+4+4+4+4+4+4+4=4×8=32

자기 점수에 ○표 하세요

맞힌 개수	5개 이하	6~7개	8~9개	10개
학습 방법	개념을 다시 공부하세요.	조금 더 노력하세요.	실수하면 안 돼요.	참 잘했어요.

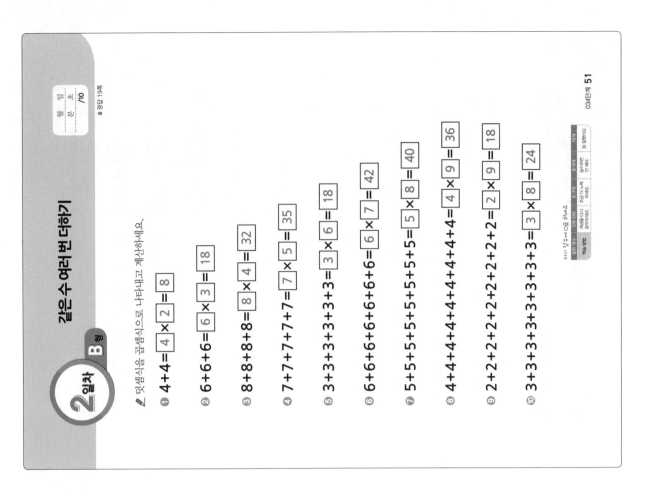

2일차 A형 같은 수 여러 번 더하기

월 일 / 분 초 / /12

곱셈식을 덧셈식으로 나타내고 계산하세요.

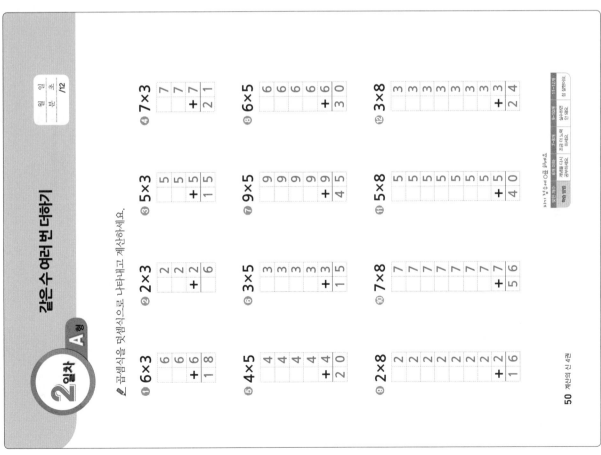

❶ 6×3

6 + 6 + 6 = 18

❷ 2×3

2 + 2 + 2 = 6

❸ 5×3

5 + 5 + 5 = 15

❹ 7×3

7 + 7 + 7 = 21

❺ 4×5

4 + 4 + 4 + 4 + 4 = 20

❻ 3×5

3 + 3 + 3 + 3 + 3 = 15

❼ 9×5

9 + 9 + 9 + 9 + 9 = 45

❽ 6×5

6 + 6 + 6 + 6 + 6 = 30

❾ 2×8

2 + 2 + 2 + 2 + 2 + 2 + 2 + 2 = 16

❿ 7×8

7 + 7 + 7 + 7 + 7 + 7 + 7 + 7 = 56

⓫ 5×8

5 + 5 + 5 + 5 + 5 + 5 + 5 + 5 = 40

⓬ 3×8

3 + 3 + 3 + 3 + 3 + 3 + 3 + 3 = 24

자기 점수에 ○표 하세요

맞힌 개수	6개 이하	7~8개	9~10개	11~12개
학습 방법	개념을 다시 공부하세요.	조금 더 노력 하세요.	실수하면 안 돼요.	참 잘했어요.

2일차 B형 같은 수 여러 번 더하기

월 일 / 분 초 / /10

정답 19쪽

덧셈식을 곱셈식으로 나타내고 계산하세요.

❶ 4+4=[4]×[2]=[8]

❷ 6+6+6=[6]×[3]=[18]

❸ 8+8+8+8=[8]×[4]=[32]

❹ 7+7+7+7+7=[7]×[5]=[35]

❺ 3+3+3+3+3+3=[3]×[6]=[18]

❻ 6+6+6+6+6+6+6=[6]×[7]=[42]

❼ 5+5+5+5+5+5+5+5=[5]×[8]=[40]

❽ 4+4+4+4+4+4+4+4+4=[4]×[9]=[36]

❾ 2+2+2+2+2+2+2+2+2=[2]×[9]=[18]

❿ 3+3+3+3+3+3+3+3=[3]×[8]=[24]

자기 점수에 ○표 하세요

맞힌 개수	5개 이하	6~7개	8~9개	10개
학습 방법	개념을 다시 공부하세요.	조금 더 노력 하세요.	실수하면 안 돼요.	참 잘했어요.

3일차 A형 같은 수 여러 번 더하기

월 일 / 분 초 / /12

곱셈식을 덧셈식으로 나타내고 계산하세요.

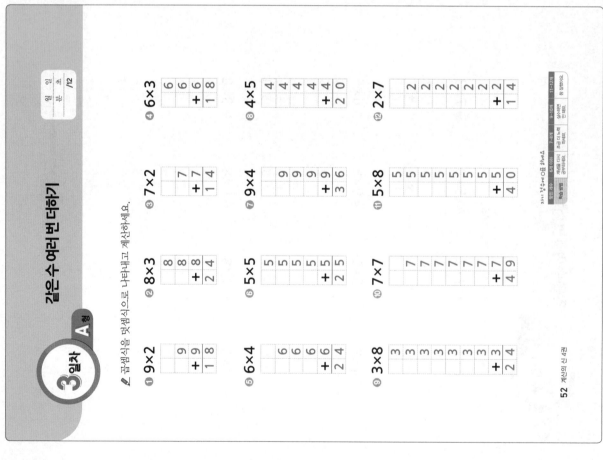

① 9×2: 9 + 9 = 18

② 8×3: 8 + 8 + 8 = 24

③ 7×2: 7 + 7 = 14

④ 6×3: 6 + 6 + 6 = 18

⑤ 6×4: 6 + 6 + 6 + 6 = 24

⑥ 5×5: 5 + 5 + 5 + 5 + 5 = 25

⑦ 9×4: 9 + 9 + 9 + 9 = 36

⑧ 4×5: 4 + 4 + 4 + 4 + 4 = 20

⑨ 3×8: 3 + 3 + 3 + 3 + 3 + 3 + 3 + 3 = 24

⑩ 7×7: 7 + 7 + 7 + 7 + 7 + 7 + 7 = 49

⑪ 5×8: 5 + 5 + 5 + 5 + 5 + 5 + 5 + 5 = 40

⑫ 2×7: 2 + 2 + 2 + 2 + 2 + 2 + 2 = 14

자기 점수에 ○표 하세요

맞힌 개수	6개 이하	7~8개	9~10개	11~12개
학습 방법	개념을 다시 공부하세요.	조금 더 노력하세요.	실수하면 안 돼요.	참 잘했어요.

3일차 B형 같은 수 여러 번 더하기

월 일 / 분 초 / /10

정답 20쪽

덧셈식을 곱셈식으로 나타내고 계산하세요.

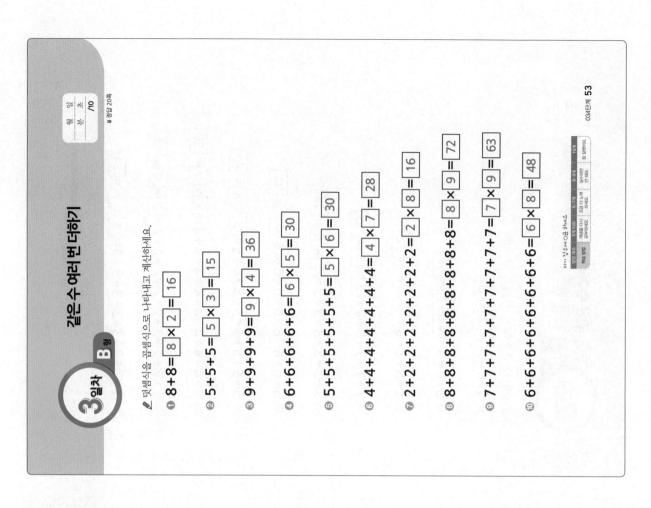

① 8+8=[8]×[2]=[16]

② 5+5+5=[5]×[3]=[15]

③ 9+9+9+9=[9]×[4]=[36]

④ 6+6+6+6+6=[6]×[5]=[30]

⑤ 5+5+5+5+5+5=[5]×[6]=[30]

⑥ 4+4+4+4+4+4+4=[4]×[7]=[28]

⑦ 2+2+2+2+2+2+2+2=[2]×[8]=[16]

⑧ 8+8+8+8+8+8+8+8+8=[8]×[9]=[72]

⑨ 7+7+7+7+7+7+7+7+7=[7]×[9]=[63]

⑩ 6+6+6+6+6+6+6+6=[6]×[8]=[48]

자기 점수에 ○표 하세요

맞힌 개수	5개 이하	6~7개	8~9개	10개
학습 방법	개념을 다시 공부하세요.	조금 더 노력하세요.	실수하면 안 돼요.	참 잘했어요.

4일차 A형 같은 수 여러 번 더하기

월 일 / 분 초 / /12

곱셈식을 덧셈식으로 나타내고 계산하세요.

❶ 9×3: 9 + 9 + 9 = 27

❷ 6×3: 6 + 6 + 6 = 18

❸ 8×2: 8 + 8 = 16

❹ 7×2: 7 + 7 = 14

❺ 5×4: 5 + 5 + 5 + 5 = 20

❻ 9×5: 9 + 9 + 9 + 9 + 9 = 45

❼ 4×4: 4 + 4 + 4 + 4 = 16

❽ 6×4: 6 + 6 + 6 + 6 = 24

❾ 8×7: 8 + 8 + 8 + 8 + 8 + 8 + 8 = 56

❿ 5×7: 5 + 5 + 5 + 5 + 5 + 5 + 5 = 35

⓫ 9×8: 9 + 9 + 9 + 9 + 9 + 9 + 9 + 9 = 72

⓬ 3×8: 3 + 3 + 3 + 3 + 3 + 3 + 3 + 3 = 24

자기 점수에 ○표 하세요

맞힌 개수	6개 이하	7~8개	9~10개	11~12개
학습 방법	개념을 다시 공부하세요.	조금 더 노력하세요.	실수하면 안 돼요.	참 잘했어요.

4일차 B형 같은 수 여러 번 더하기

월 일 / 분 초 / /10

정답 21쪽

덧셈식을 곱셈식으로 나타내고 계산하세요.

❶ 6+6=6×2=12

❷ 7+7+7=7×3=21

❸ 5+5+5+5=5×4=20

❹ 3+3+3+3+3=3×5=15

❺ 8+8+8+8+8+8=8×6=48

❻ 5+5+5+5+5+5+5=5×7=35

❼ 3+3+3+3+3+3+3+3=3×8=24

❽ 2+2+2+2+2+2+2+2+2=2×9=18

❾ 4+4+4+4+4+4+4+4+4=4×9=36

❿ 7+7+7+7+7+7+7+7=7×8=56

자기 점수에 ○표 하세요

맞힌 개수	5개 이하	6~7개	8~9개	10개
학습 방법	개념을 다시 공부하세요.	조금 더 노력하세요.	실수하면 안 돼요.	참 잘했어요.

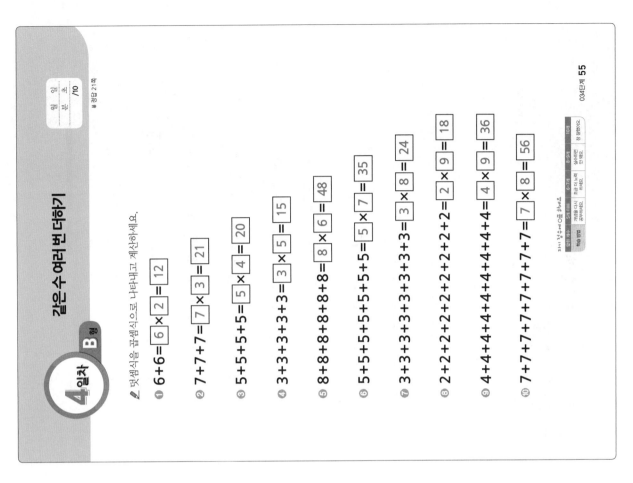

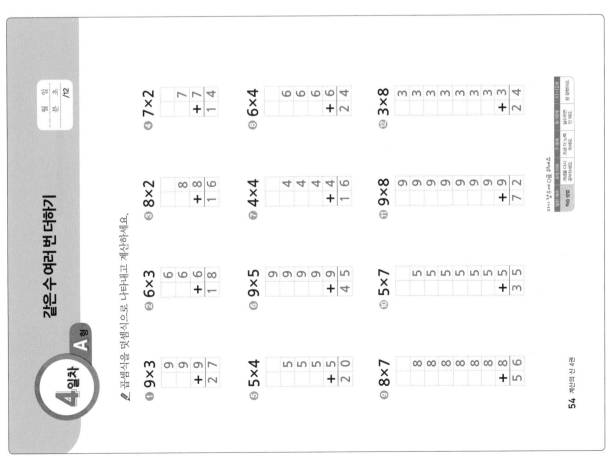

5일차 A형 같은 수 여러 번 더하기

월 일 / 분 초 / /12

곱셈식을 덧셈식으로 나타내고 계산하세요.

① 4×2: 4 + 4 = 8

② 6×3: 6 + 6 + 6 = 18

③ 9×2: 9 + 9 = 18

④ 8×3: 8 + 8 + 8 = 24

⑤ 8×5: 8 + 8 + 8 + 8 + 8 = 40

⑥ 2×4: 2 + 2 + 2 + 2 = 8

⑦ 7×4: 7 + 7 + 7 + 7 = 28

⑧ 6×5: 6 + 6 + 6 + 6 + 6 = 30

⑨ 3×9: 3 + 3 + 3 + 3 + 3 + 3 + 3 + 3 + 3 = 27

⑩ 4×7: 4 + 4 + 4 + 4 + 4 + 4 + 4 = 28

⑪ 9×6: 9 + 9 + 9 + 9 + 9 + 9 = 54

⑫ 7×9: 7 + 7 + 7 + 7 + 7 + 7 + 7 + 7 + 7 = 63

자기 점수에 ○표 하세요

맞힌 개수	6개 이하	7~8개	9~10개	11~12개
학습 방법	개념을 다시 공부하세요.	조금 더 노력하세요.	실수하면 안 돼요.	참 잘했어요.

5일차 B형 같은 수 여러 번 더하기

월 일 / 분 초 / /10

정답 22쪽

이번 단계에서는 같은 수 여러 번 더하기를 통해 곱셈과 덧셈 사이의 관계를 배웠습니다. 다음 단계에서는 2, 5, 3, 4의 곱셈구구를 배웁니다.

덧셈식을 곱셈식으로 나타내고 계산하세요.

① 9+9=9×2=18

② 4+4+4=4×3=12

③ 8+8+8+8=8×4=32

④ 9+9+9+9+9=9×5=45

⑤ 3+3+3+3+3+3=3×6=18

⑥ 4+4+4+4+4+4+4=4×7=28

⑦ 9+9+9+9+9+9+9+9=9×8=72

⑧ 6+6+6+6+6+6+6+6+6=6×9=54

⑨ 9+9+9+9+9+9+9+9+9=9×9=81

⑩ 2+2+2+2+2+2+2+2=2×8=16

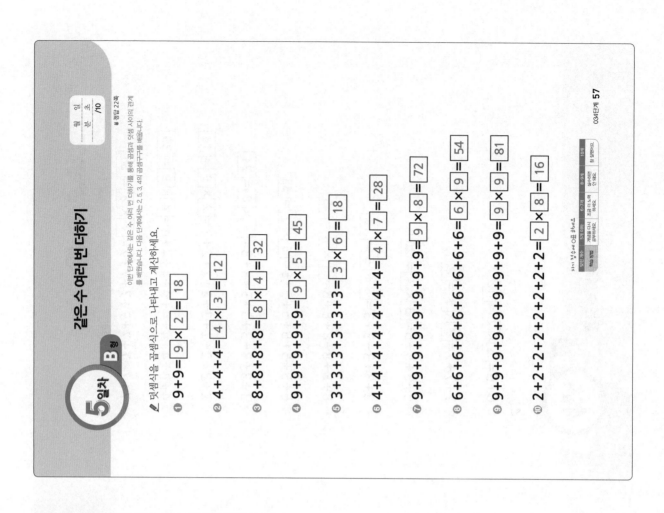

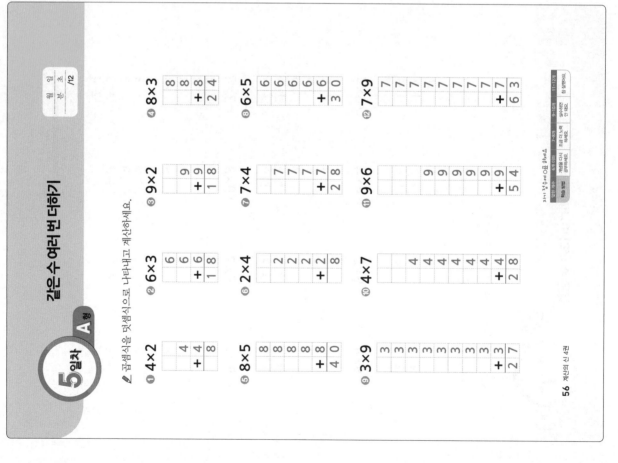

자기 점수에 ○표 하세요

맞힌 개수	5개 이하	6~7개	8~9개	10개
학습 방법	개념을 다시 공부하세요.	조금 더 노력하세요.	실수하면 안 돼요.	참 잘했어요.

1일차 A형 2, 5, 3, 4의 단 곱셈구구

월 일
분 초
/30

곱셈구구는 소리 내어 외우면 더 잘 외워져!

곱셈을 하세요.

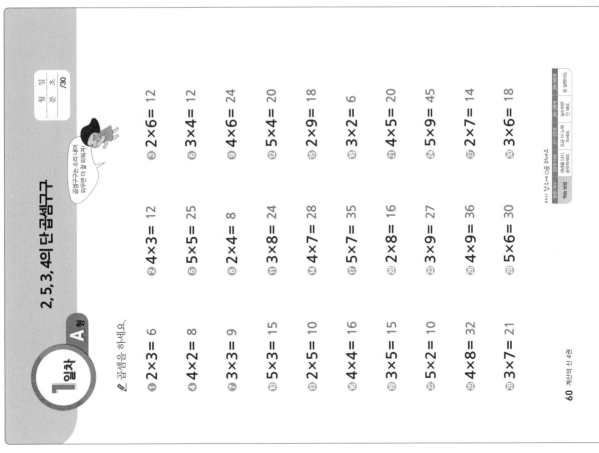

① 2×3= 6	② 4×3= 12	③ 2×6= 12
④ 4×2= 8	⑤ 5×5= 25	⑥ 3×4= 12
⑦ 3×3= 9	⑧ 2×4= 8	⑨ 4×6= 24
⑩ 5×3= 15	⑪ 3×8= 24	⑫ 5×4= 20
⑬ 2×5= 10	⑭ 4×7= 28	⑮ 2×9= 18
⑯ 4×4= 16	⑰ 5×7= 35	⑱ 3×2= 6
⑲ 3×5= 15	⑳ 2×8= 16	㉑ 4×5= 20
㉒ 5×2= 10	㉓ 3×9= 27	㉔ 5×9= 45
㉕ 4×8= 32	㉖ 4×9= 36	㉗ 2×7= 14
㉘ 3×7= 21	㉙ 5×6= 30	㉚ 3×6= 18

자기 점수에 ○표 하세요

맞힌 개수	20개 이하	21~25개	26~28개	29~30개
학습 방법	개념을 다시 공부하세요.	조금 더 노력 하세요.	실수하면 안 돼요.	참 잘했어요.

1일차 B형 2, 5, 3, 4의 단 곱셈구구

월 일
분 초
/36

2, 5, 3, 4의 단을 외우면 곱셈구구는 쉬워!

정답 23쪽

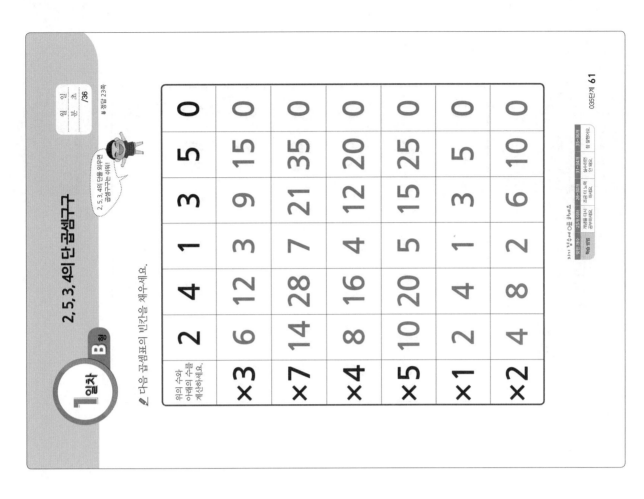

다음 곱셈표의 빈칸을 채우세요.

위의 수와 아래의 수를 계산하세요.	2	4	1	3	5	0
×3	6	12	3	9	15	0
×7	14	28	7	21	35	0
×4	8	16	4	12	20	0
×5	10	20	5	15	25	0
×1	2	4	1	3	5	0
×2	4	8	2	6	10	0

자기 점수에 ○표 하세요

맞힌 개수	25개 이하	26~30개	31~34개	35~36개
학습 방법	개념을 다시 공부하세요.	조금 더 노력 하세요.	실수하면 안 돼요.	참 잘했어요.

2일차 A형 2, 5, 3, 4의 단 곱셈구구

월 일 / 분 초 / /30

곱셈을 하세요.

❶ 4×7= 28 ❷ 3×7= 21 ❸ 4×8= 32

❹ 2×5= 10 ❺ 5×7= 35 ❻ 2×6= 12

❼ 3×3= 9 ❽ 4×6= 24 ❾ 3×4= 12

❿ 5×3= 15 ⓫ 2×4= 8 ⓬ 5×5= 25

⓭ 4×2= 8 ⓮ 3×8= 24 ⓯ 2×9= 18

⓰ 2×7= 14 ⓱ 5×9= 45 ⓲ 3×2= 6

⓳ 3×5= 15 ⓴ 4×9= 36 ㉑ 2×8= 16

㉒ 5×2= 10 ㉓ 2×3= 6 ㉔ 3×6= 18

㉕ 4×4= 16 ㉖ 3×9= 27 ㉗ 4×5= 20

㉘ 5×4= 20 ㉙ 5×6= 30 ㉚ 5×8= 40

자기 점수에 ○표 하세요

맞힌 개수	20개 이하	21~25개	26~28개	29~30개
학습 방법	개념을 다시 공부하세요.	조금 더 노력 하세요.	실수하면 안 돼요.	참 잘했어요.

2일차 B형 2, 5, 3, 4의 단 곱셈구구

월 일 / 분 초 / /36

정답 24쪽

다음 곱셈표의 빈칸을 채우세요.

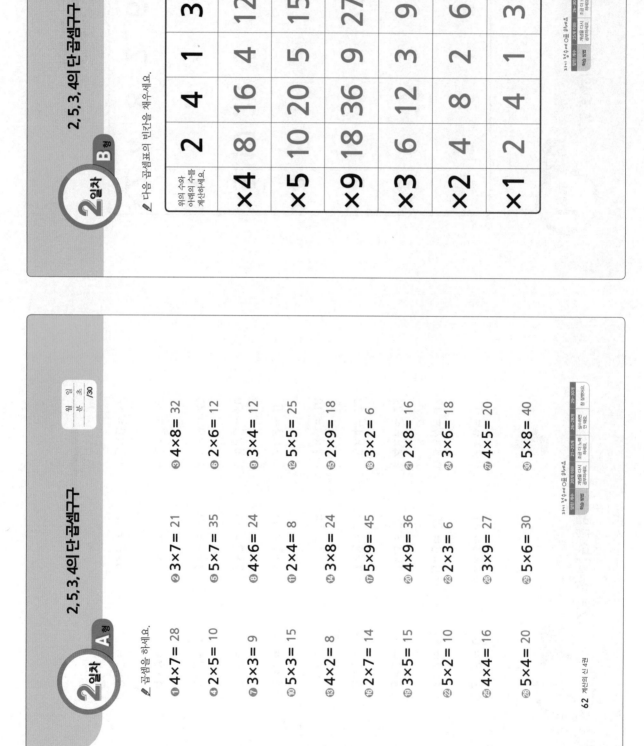

위의 수와 아래의 수를 계산하세요.	2	4	1	3	5	0
×4	8	16	4	12	20	0
×5	10	20	5	15	25	0
×9	18	36	9	27	45	0
×3	6	12	3	9	15	0
×2	4	8	2	6	10	0
×1	2	4	1	3	5	0

자기 점수에 ○표 하세요

맞힌 개수	25개 이하	26~30개	31~34개	35~36개
학습 방법	개념을 다시 공부하세요.	조금 더 노력 하세요.	실수하면 안 돼요.	참 잘했어요.

3일차 A형 2, 5, 3, 4의 단 곱셈구구

월 일
분 초
/30

곱셈을 하세요.

① 2×2= 4	② 2×6= 12	③ 3×8= 24
④ 3×3= 9	⑤ 4×3= 12	⑥ 4×6= 24
⑦ 4×4= 16	⑧ 3×4= 12	⑨ 3×9= 27
⑩ 5×5= 25	⑪ 2×7= 14	⑫ 4×5= 20
⑬ 2×3= 6	⑭ 2×8= 16	⑮ 5×4= 20
⑯ 3×2= 6	⑰ 2×9= 18	⑱ 4×7= 28
⑲ 2×4= 8	⑳ 3×6= 18	㉑ 5×7= 35
㉒ 4×2= 8	㉓ 3×5= 15	㉔ 5×9= 45
㉕ 2×5= 10	㉖ 5×3= 15	㉗ 4×8= 32
㉘ 5×2= 10	㉙ 3×7= 21	㉚ 4×9= 36

자기 점수에 ○표 하세요

맞힌 개수	20개 이하	21~25개	26~28개	29~30개
학습 방법	개념을 다시 공부하세요.	조금 더 노력하세요.	실수하면 안 돼요.	참 잘했어요.

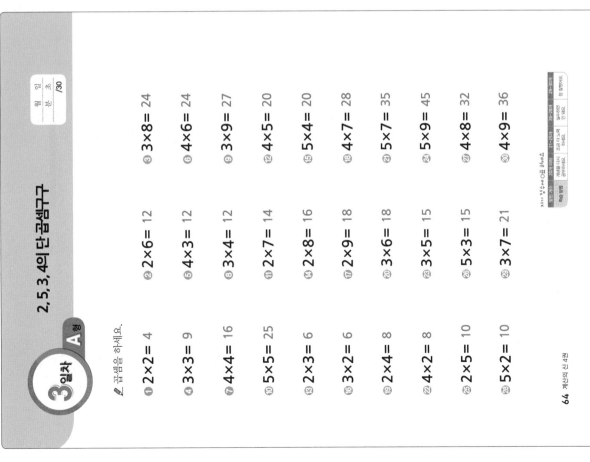

3일차 B형 2, 5, 3, 4의 단 곱셈구구

월 일
분 초
/36

정답 25쪽

다음 곱셈표의 빈칸을 채우세요.

위의 수와 아래의 수를 계산하세요.	5	4	2	0	1	3
×3	15	12	6	0	3	9
×8	40	32	16	0	8	24
×4	20	16	8	0	4	12
×5	25	20	10	0	5	15
×1	5	4	2	0	1	3
×2	10	8	4	0	2	6

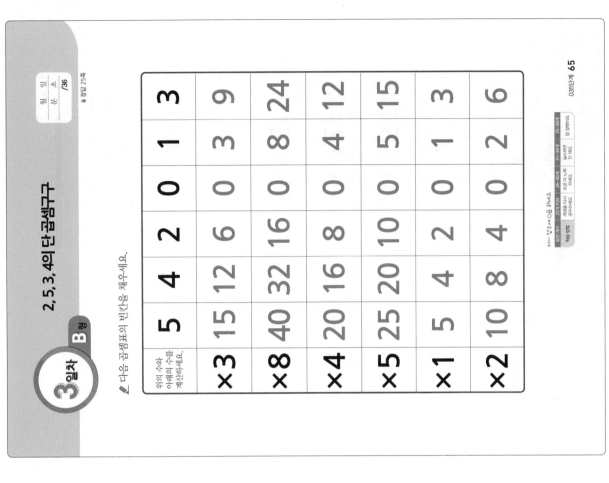

자기 점수에 ○표 하세요

맞힌 개수	25개 이하	26~30개	31~34개	35~36개
학습 방법	개념을 다시 공부하세요.	조금 더 노력하세요.	실수하면 안 돼요.	참 잘했어요.

4일차 A형 2, 5, 3, 4의 단 곱셈구구

월 일 / 분 초 / /30

곱셈을 하세요.

① 5×9= 45 ② 4×3= 12 ③ 2×4= 8

④ 3×4= 12 ⑤ 5×5= 25 ⑥ 4×2= 8

⑦ 2×9= 18 ⑧ 3×3= 9 ⑨ 4×6= 24

⑩ 5×3= 15 ⑪ 3×8= 24 ⑫ 5×7= 35

⑬ 4×7= 28 ⑭ 2×5= 10 ⑮ 3×5= 15

⑯ 5×4= 20 ⑰ 4×4= 16 ⑱ 2×3= 6

⑲ 4×8= 32 ⑳ 5×6= 30 ㉑ 4×5= 20

㉒ 2×8= 16 ㉓ 3×9= 27 ㉔ 5×2= 10

㉕ 4×9= 36 ㉖ 2×7= 14 ㉗ 3×2= 6

㉘ 5×8= 40 ㉙ 2×6= 12 ㉚ 3×7= 21

자기 점수에 ○표 하세요

맞힌 개수	20개 이하	21~25개	26~28개	29~30개
학습 방법	개념을 다시 공부하세요.	조금 더 노력하세요.	실수하면 안 돼요.	참 잘했어요.

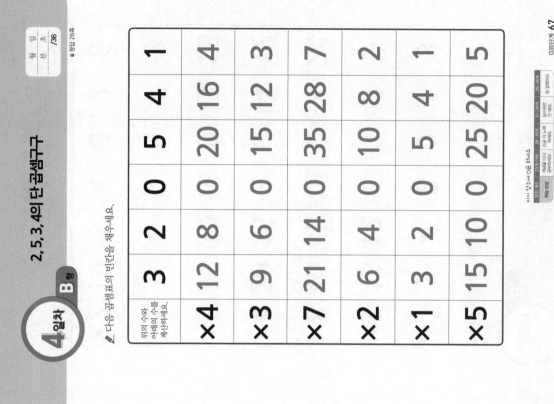

4일차 B형 2, 5, 3, 4의 단 곱셈구구

월 일 / 분 초 / /36

정답 26쪽

다음 곱셈표의 빈칸을 채우세요.

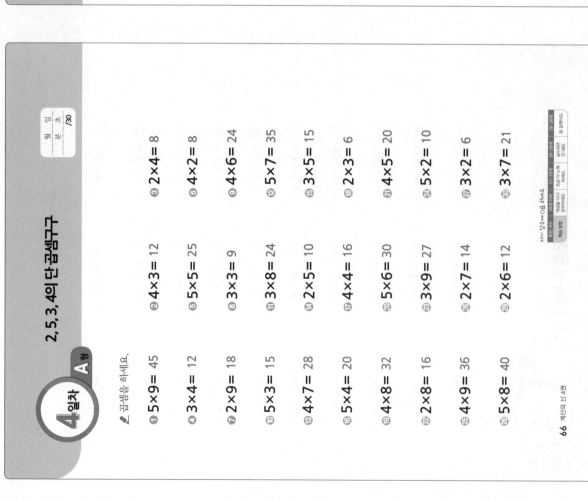

위의 수와 아래의 수를 계산하세요.	3	2	0	5	4	1
×4	12	8	0	20	16	4
×3	9	6	0	15	12	3
×7	21	14	0	35	28	7
×2	6	4	0	10	8	2
×1	3	2	0	5	4	1
×5	15	10	0	25	20	5

자기 점수에 ○표 하세요

맞힌 개수	25개 이하	26~30개	31~34개	35~36개
학습 방법	개념을 다시 공부하세요.	조금 더 노력하세요.	실수하면 안 돼요.	참 잘했어요.

5일차 A형 2, 5, 3, 4의 단 곱셈구구

월 일
분 초
/30

곱셈을 하세요.

❶ 2×6= 12	❷ 5×2= 10	❸ 2×3= 6
❹ 4×6= 24	❺ 3×3= 9	❻ 3×5= 15
❼ 3×4= 12	❽ 3×6= 18	❾ 5×3= 15
❿ 3×8= 24	⓫ 2×7= 14	⓬ 5×6= 30
⓭ 2×5= 10	⓮ 4×7= 28	⓯ 2×9= 18
⓰ 4×5= 20	⓱ 5×7= 35	⓲ 4×2= 8
⓳ 5×8= 40	⓴ 3×7= 21	㉑ 4×4= 16
㉒ 4×3= 12	㉓ 3×9= 27	㉔ 5×9= 45
㉕ 5×5= 25	㉖ 4×9= 36	㉗ 2×8= 16
㉘ 2×4= 8	㉙ 5×4= 20	㉚ 4×8= 32

자기 점수에 ○표 하세요

맞힌 개수	20개 이하	21~25개	26~28개	29~30개
학습 방법	개념을 다시 공부하세요.	조금 더 노력하세요.	실수하면 안 돼요.	참 잘했어요.

5일차 B형 2, 5, 3, 4의 단 곱셈구구

월 일
분 초
/36

정답 27쪽

곱셈구구 가운데 비교적 쉬운 2, 5, 3, 4의 단 곱셈구구를 배웠습니다. 다음 단계에서는 아이들이 많이 어려워하는 6, 7, 8, 9의 단 곱셈구구를 배웁니다.

다음 곱셈표의 빈칸을 채우세요.

위의 수와 아래의 수를 계산하세요.	0	4	5	3	2	1
×3	0	12	15	9	6	3
×6	0	24	30	18	12	6
×4	0	16	20	12	8	4
×5	0	20	25	15	10	5
×1	0	4	5	3	2	1
×2	0	8	10	6	4	2

자기 점수에 ○표 하세요

맞힌 개수	25개 이하	26~30개	31~34개	35~36개
학습 방법	개념을 다시 공부하세요.	조금 더 노력하세요.	실수하면 안 돼요.	참 잘했어요.

1일차 A형 6, 7, 8, 9의 단 곱셈구구 (1)

월 일
분 초
/30

6×3은 3×6과 똑같아.
순서를 바꿔 곱해도 답은 같은 거야!

✎ 곱셈을 하세요.

❶ 6×3= 18	❷ 8×6= 48	❸ 7×6= 42
❹ 7×2= 14	❺ 9×5= 45	❻ 8×4= 32
❼ 8×3= 24	❽ 6×4= 24	❾ 9×6= 54
❿ 9×3= 27	⓫ 7×8= 56	⓬ 6×9= 54
⓭ 6×5= 30	⓮ 8×7= 56	⓯ 7×5= 35
⓰ 7×4= 28	⓱ 9×7= 63	⓲ 8×2= 16
⓳ 8×5= 40	⓴ 6×8= 48	㉑ 9×9= 81
㉒ 9×2= 18	㉓ 7×9= 63	㉔ 6×2= 12
㉕ 6×7= 42	㉖ 8×9= 72	㉗ 7×3= 21
㉘ 7×7= 49	㉙ 6×6= 36	㉚ 8×8= 64

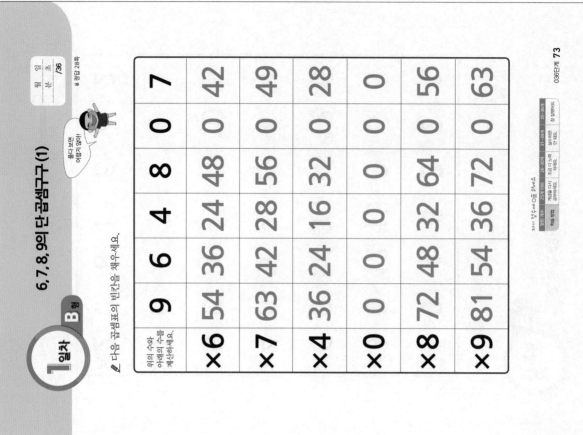

자기 점수에 ○표 하세요

맞힌 개수	20개 이하	21~25개	26~28개	29~30개
학습 방법	개념을 다시 공부하세요.	조금 더 노력하세요.	실수하면 안 돼요.	참 잘했어요.

1일차 B형 6, 7, 8, 9의 단 곱셈구구 (1)

월 일
분 초
/36

정답 28쪽

풀다 보면
어렵지 않아!

✎ 다음 곱셈표의 빈칸을 채우세요.

위의 수와 아래의 수를 계산하세요.	9	6	4	8	0	7
×6	54	36	24	48	0	42
×7	63	42	28	56	0	49
×4	36	24	16	32	0	28
×0	0	0	0	0	0	0
×8	72	48	32	64	0	56
×9	81	54	36	72	0	63

자기 점수에 ○표 하세요

맞힌 개수	25개 이하	26~30개	31~34개	35~36개
학습 방법	개념을 다시 공부하세요.	조금 더 노력하세요.	실수하면 안 돼요.	참 잘했어요.

2일차 A형

6, 7, 8, 9의 단 곱셈구구 (1)

월 일
분 초
/30

곱셈을 하세요.

① 7×6= 42	② 7×2= 14	③ 7×9= 63
④ 6×9= 54	⑤ 6×6= 36	⑥ 9×5= 45
⑦ 8×9= 72	⑧ 9×6= 54	⑨ 6×8= 48
⑩ 9×4= 36	⑪ 8×3= 24	⑫ 9×3= 27
⑬ 7×3= 21	⑭ 8×2= 16	⑮ 6×7= 42
⑯ 9×9= 81	⑰ 8×5= 40	⑱ 9×7= 63
⑲ 7×4= 28	⑳ 9×2= 18	㉑ 7×8= 56
㉒ 6×4= 24	㉓ 7×5= 35	㉔ 8×4= 32
㉕ 8×6= 48	㉖ 8×8= 64	㉗ 7×7= 49
㉘ 8×7= 56	㉙ 9×8= 72	㉚ 6×5= 30

자기 점수에 ○표 하세요

맞힌 개수	20개 이하	21~25개	26~28개	29~30개
학습 방법	개념을 다시 공부하세요.	조금 더 노력 하세요.	실수하면 안 돼요.	참 잘했어요.

2일차 B형

6, 7, 8, 9의 단 곱셈구구 (1)

월 일
분 초
/36

정답 29쪽

다음 곱셈표의 빈칸을 채우세요.

위의 수와 아래의 수를 계산하세요.	9	6	1	8	0	7
×7	63	42	7	56	0	49
×0	0	0	0	0	0	0
×1	9	6	1	8	0	7
×9	81	54	9	72	0	63
×6	54	36	6	48	0	42
×8	72	48	8	64	0	56

자기 점수에 ○표 하세요

맞힌 개수	25개 이하	26~30개	31~34개	35~36개
학습 방법	개념을 다시 공부하세요.	조금 더 노력 하세요.	실수하면 안 돼요.	참 잘했어요.

3일차 A형 6, 7, 8, 9의 단 곱셈구구 (1)

월 일 / 분 초 / /30

곱셈을 하세요.

❶ 9×2= 18	❷ 7×7= 49	❸ 9×9= 81
❹ 7×5= 35	❺ 8×7= 56	❻ 7×2= 14
❼ 8×8= 64	❽ 7×4= 28	❾ 6×8= 48
❿ 9×8= 72	⓫ 6×4= 24	⓬ 9×3= 27
⓭ 6×7= 42	⓮ 8×2= 16	⓯ 7×6= 42
⓰ 9×7= 63	⓱ 8×5= 40	⓲ 6×9= 54
⓳ 7×8= 56	⓴ 7×3= 21	㉑ 8×9= 72
㉒ 8×4= 32	㉓ 6×6= 36	㉔ 9×4= 36
㉕ 8×6= 48	㉖ 9×6= 54	㉗ 7×9= 63
㉘ 6×5= 30	㉙ 8×3= 24	㉚ 9×5= 45

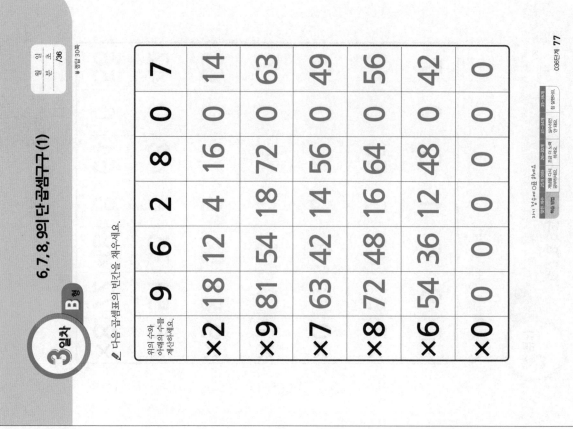

자기 점수에 ○표 하세요.

맞힌 개수	20개 이하	21~25개	26~28개	29~30개
학습 방법	개념을 다시 공부하세요.	조금 더 노력하세요.	실수하면 안 돼요.	참 잘했어요.

3일차 B형 6, 7, 8, 9의 단 곱셈구구 (1)

월 일 / 분 초 / /36

정답 30쪽

다음 곱셈표의 빈칸을 채우세요.

위의 수와 아래의 수를 계산하세요.	9	6	2	8	0	7
×2	18	12	4	16	0	14
×9	81	54	18	72	0	63
×7	63	42	14	56	0	49
×8	72	48	16	64	0	56
×6	54	36	12	48	0	42
×0	0	0	0	0	0	0

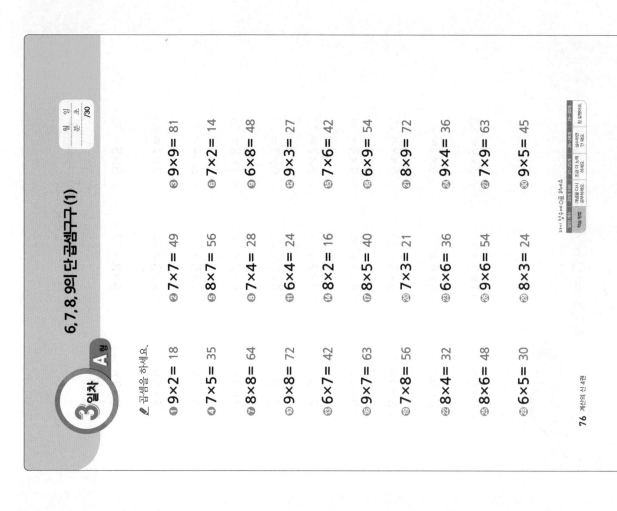

자기 점수에 ○표 하세요.

맞힌 개수	25개 이하	26~30개	31~34개	35~36개
학습 방법	개념을 다시 공부하세요.	조금 더 노력하세요.	실수하면 안 돼요.	참 잘했어요.

4일차 A형 6, 7, 8, 9의 단 곱셈구구 (1)

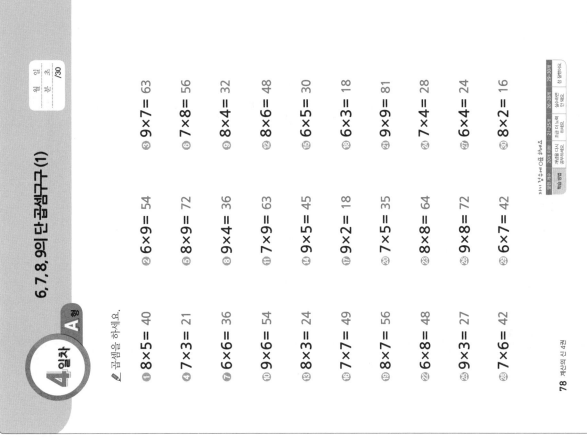

월 일 / 분 초 / /30

곱셈을 하세요.

❶ 8×5= 40 ❷ 6×9= 54 ❸ 9×7= 63

❹ 7×3= 21 ❺ 8×9= 72 ❻ 7×8= 56

❼ 6×6= 36 ❽ 9×4= 36 ❾ 8×4= 32

❿ 9×6= 54 ⓫ 7×9= 63 ⓬ 8×6= 48

⓭ 8×3= 24 ⓮ 9×5= 45 ⓯ 6×5= 30

⓰ 7×7= 49 ⓱ 9×2= 18 ⓲ 6×3= 18

⓳ 8×7= 56 ⓴ 7×5= 35 ㉑ 9×9= 81

㉒ 6×8= 48 ㉓ 8×8= 64 ㉔ 7×4= 28

㉕ 9×3= 27 ㉖ 9×8= 72 ㉗ 6×4= 24

㉘ 7×6= 42 ㉙ 6×7= 42 ㉚ 8×2= 16

자기 점수에 ○표 하세요

맞힌 개수	20개 이하	21~25개	26~28개	29~30개
학습 방법	개념을 다시 공부하세요.	조금 더 노력 하세요.	실수하면 안 돼요.	참 잘했어요.

4일차 B형 6, 7, 8, 9의 단 곱셈구구 (1)

월 일 / 분 초 / /36

정답 31쪽

다음 곱셈표의 빈칸을 채우세요.

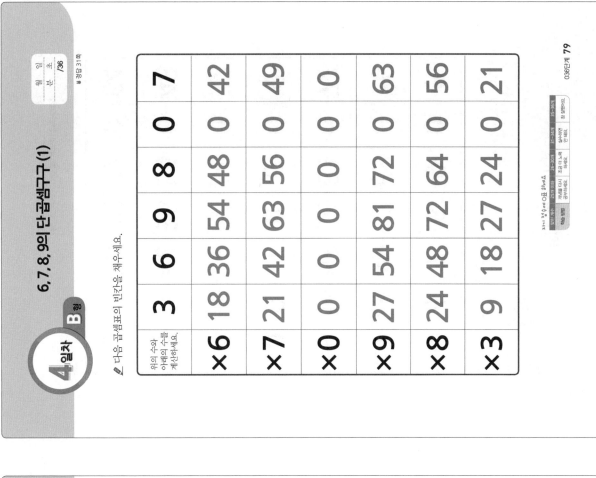

위의 수와 아래의 수를 계산하세요.	3	6	9	8	0	7
×6	18	36	54	48	0	42
×7	21	42	63	56	0	49
×0	0	0	0	0	0	0
×9	27	54	81	72	0	63
×8	24	48	72	64	0	56
×3	9	18	27	24	0	21

자기 점수에 ○표 하세요

맞힌 개수	25개 이하	26~30개	31~34개	35~36개
학습 방법	개념을 다시 공부하세요.	조금 더 노력 하세요.	실수하면 안 돼요.	참 잘했어요.

5일차 A형 6, 7, 8, 9의 단 곱셈구구 (1)

월 일 / 분 초 / /30

곱셈을 하세요.

① $6\times6=$ 36	② $8\times7=$ 56	③ $9\times9=$ 81
④ $7\times2=$ 14	⑤ $8\times8=$ 64	⑥ $6\times7=$ 42
⑦ $8\times2=$ 16	⑧ $7\times6=$ 42	⑨ $8\times3=$ 24
⑩ $7\times4=$ 28	⑪ $9\times7=$ 63	⑫ $8\times5=$ 40
⑬ $9\times5=$ 45	⑭ $7\times8=$ 56	⑮ $6\times9=$ 54
⑯ $6\times3=$ 18	⑰ $9\times2=$ 18	⑱ $8\times9=$ 72
⑲ $7\times7=$ 49	⑳ $8\times6=$ 48	㉑ $7\times3=$ 21
㉒ $6\times4=$ 24	㉓ $6\times5=$ 30	㉔ $9\times6=$ 54
㉕ $6\times8=$ 48	㉖ $7\times5=$ 35	㉗ $6\times2=$ 12
㉘ $9\times3=$ 27	㉙ $8\times4=$ 32	㉚ $7\times9=$ 63

자기 점수에 ○표 하세요

맞힌 개수	20개 이하	21~25개	26~28개	29~30개
학습 방법	개념을 다시 공부하세요.	조금 더 노력하세요.	실수하면 안 돼요.	참 잘했어요.

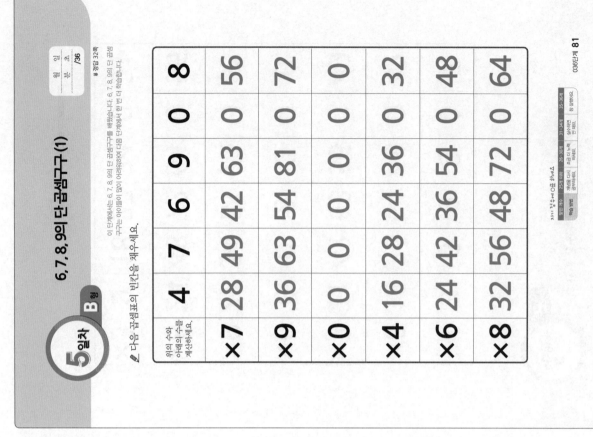

5일차 B형 6, 7, 8, 9의 단 곱셈구구 (1)

월 일 / 분 초 / /36

정답 32쪽

이 단계에서는 6, 7, 8, 9의 단 곱셈구구를 배웠습니다. 6, 7, 8, 9의 단 곱셈구구는 아이들이 많이 어려워하여 다음 단계에서 한 번 더 학습합니다.

다음 곱셈표의 빈칸을 채우세요.

위의 수와 아래의 수를 계산하세요.	4	7	6	9	0	8
×7	28	49	42	63	0	56
×9	36	63	54	81	0	72
×0	0	0	0	0	0	0
×4	16	28	24	36	0	32
×6	24	42	36	54	0	48
×8	32	56	48	72	0	64

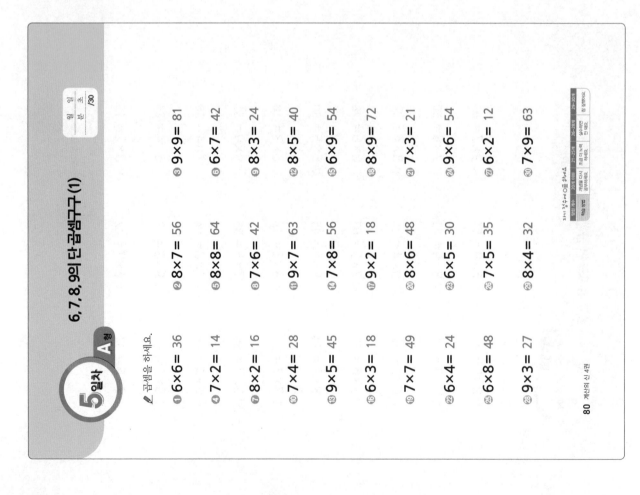

자기 점수에 ○표 하세요

맞힌 개수	25개 이하	26~30개	31~34개	35~36개
학습 방법	개념을 다시 공부하세요.	조금 더 노력하세요.	실수하면 안 돼요.	참 잘했어요.

세 단계 묶어 풀기 O34 ~ O36단계
같은 수 여러 번 더하기/곱셈구구

월 일
분 초
/22

정답 33쪽

덧셈식을 곱셈식으로 나타내고 계산하세요.

❶ 4+4+4= 4 × 3 = 12

❷ 7+7+7+7= 7 × 4 = 28

❸ 3+3+3+3+3+3+3+3= 3 × 8 = 24

❹ 6+6+6+6+6+6+6+6+6= 6 × 9 = 54

곱셈을 하세요.

❺ 4×9= 36	❻ 3×7= 21	❼ 5×7= 35
❽ 2×8= 16	❾ 4×6= 24	❿ 3×8= 24
⓫ 5×5= 25	⓬ 2×9= 18	⓭ 4×7= 28
⓮ 6×7= 42	⓯ 8×5= 40	⓰ 9×7= 63
⓱ 7×7= 49	⓲ 9×6= 54	⓳ 6×3= 18
⓴ 8×9= 72	㉑ 7×8= 56	㉒ 9×4= 36

1일차 A형 6, 7, 8, 9의 단 곱셈구구 (2)

월 일 / 분 초 / /36

빈칸을 차근차근
채워 줘!

다음 곱셈표의 빈칸을 채우세요.

위의 수와 아래의 수를 계산하세요.	9	6	0	8	2	7
×5	45	30	0	40	10	35
×8	72	48	0	64	16	56
×0	0	0	0	0	0	0
×2	18	12	0	16	4	14
×7	63	42	0	56	14	49
×9	81	54	0	72	18	63

자기 점수에 ○표 하세요

맞힌 개수	25개 이하	26~30개	31~34개	35~36개
학습 방법	개념을 다시 공부하세요.	조금 더 노력하세요.	실수하면 안 돼요.	참 잘했어요.

1일차 B형 6, 7, 8, 9의 단 곱셈구구 (2)

월 일 / 분 초 / /30

6, 7, 8, 9의 단을 외우면
곱셈구구는 쉬워!

정답 34쪽

곱셈을 하세요.

① 7×4= 28 ② 9×5= 45 ③ 7×2= 14

④ 9×7= 63 ⑤ 6×3= 18 ⑥ 8×2= 16

⑦ 8×5= 40 ⑧ 6×9= 54 ⑨ 6×7= 42

⑩ 7×8= 56 ⑪ 8×9= 72 ⑫ 8×3= 24

⑬ 9×2= 18 ⑭ 9×9= 81 ⑮ 6×6= 36

⑯ 8×8= 64 ⑰ 6×2= 12 ⑱ 8×7= 56

⑲ 7×6= 42 ⑳ 7×7= 49 ㉑ 6×8= 48

㉒ 8×4= 32 ㉓ 9×3= 27 ㉔ 7×5= 35

㉕ 7×9= 63 ㉖ 9×8= 72 ㉗ 8×6= 48

㉘ 6×4= 24 ㉙ 7×3= 21 ㉚ 6×5= 30

자기 점수에 ○표 하세요

맞힌 개수	20개 이하	21~25개	26~28개	29~30개
학습 방법	개념을 다시 공부하세요.	조금 더 노력하세요.	실수하면 안 돼요.	참 잘했어요.

2일차 A형 6, 7, 8, 9의 단 곱셈구구 (2)

월 일 / 분 초 / /36

다음 곱셈표의 빈칸을 채우세요.

위의 수와 아래의 수를 계산하세요.	7	0	4	8	6	9
×4	28	0	16	32	24	36
×8	56	0	32	64	48	72
×0	0	0	0	0	0	0
×9	63	0	36	72	54	81
×7	49	0	28	56	42	63
×6	42	0	24	48	36	54

자기 점수에 O표 하세요

맞힌 개수	25개 이하	26~30개	31~34개	35~36개
학습 방법	개념을 다시 공부하세요.	조금 더 노력하세요.	실수하면 안 돼요.	참 잘했어요.

2일차 B형 6, 7, 8, 9의 단 곱셈구구 (2)

월 일 / 분 초 / /30

정답 35쪽

곱셈을 하세요.

① 7×3= 21 ② 8×6= 48 ③ 7×6= 42

④ 9×2= 18 ⑤ 6×5= 30 ⑥ 9×6= 54

⑦ 8×3= 24 ⑧ 7×4= 28 ⑨ 8×4= 32

⑩ 6×3= 18 ⑪ 9×8= 72 ⑫ 6×4= 24

⑬ 7×5= 35 ⑭ 8×7= 56 ⑮ 7×2= 14

⑯ 9×4= 36 ⑰ 6×7= 42 ⑱ 9×3= 27

⑲ 8×5= 40 ⑳ 7×8= 56 ㉑ 8×2= 16

㉒ 6×2= 12 ㉓ 9×9= 81 ㉔ 6×9= 54

㉕ 7×7= 49 ㉖ 8×9= 72 ㉗ 6×8= 48

㉘ 9×7= 63 ㉙ 6×6= 36 ㉚ 8×8= 64

자기 점수에 O표 하세요

맞힌 개수	20개 이하	21~25개	26~28개	29~30개
학습 방법	개념을 다시 공부하세요.	조금 더 노력하세요.	실수하면 안 돼요.	참 잘했어요.

3일차 A형 6, 7, 8, 9의 단 곱셈구구 (2)

월 일
분 초
/36

다음 곱셈표의 빈칸을 채우세요.

위의 수와 아래의 수를 계산하세요.	3	6	9	8	0	7
×7	21	42	63	56	0	49
×8	24	48	72	64	0	56
×9	27	54	81	72	0	63
×0	0	0	0	0	0	0
×6	18	36	54	48	0	42
×3	9	18	27	24	0	21

자기 점수에 ○표 하세요

맞힌 개수	25개 이하	26~30개	31~34개	35~36개
학습 방법	개념을 다시 공부하세요.	조금 더 노력하세요.	실수하면 안 돼요.	참 잘했어요.

3일차 B형 6, 7, 8, 9의 단 곱셈구구 (2)

월 일
분 초
/30

정답 36쪽

곱셈을 하세요.

① 8×9= 72 ② 6×2= 12 ③ 7×8= 56

④ 8×3= 24 ⑤ 8×8= 64 ⑥ 6×7= 42

⑦ 9×2= 18 ⑧ 7×7= 49 ⑨ 6×9= 54

⑩ 7×5= 35 ⑪ 9×8= 72 ⑫ 8×5= 40

⑬ 7×6= 42 ⑭ 8×6= 48 ⑮ 8×2= 16

⑯ 6×5= 30 ⑰ 9×9= 81 ⑱ 6×3= 18

⑲ 8×4= 32 ⑳ 9×6= 54 ㉑ 9×7= 63

㉒ 7×9= 63 ㉓ 8×7= 56 ㉔ 9×4= 36

㉕ 6×6= 36 ㉖ 7×2= 14 ㉗ 9×5= 45

㉘ 9×3= 27 ㉙ 6×8= 48 ㉚ 7×4= 28

자기 점수에 ○표 하세요

맞힌 개수	20개 이하	21~25개	26~28개	29~30개
학습 방법	개념을 다시 공부하세요.	조금 더 노력하세요.	실수하면 안 돼요.	참 잘했어요.

4일차 A형

6, 7, 8, 9의 단 곱셈구구 (2)

월 일
분 초
/36

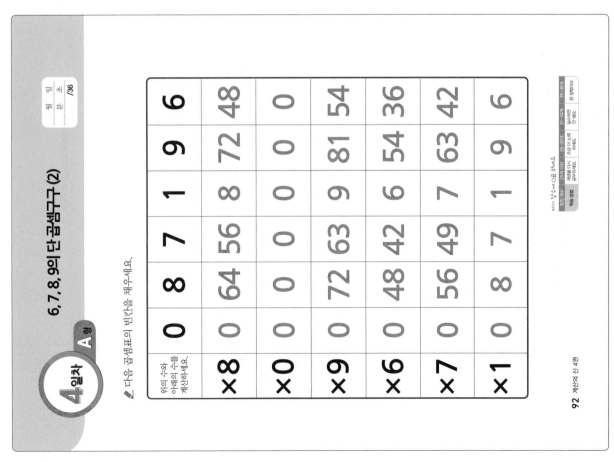

다음 곱셈표의 빈칸을 채우세요.

위의 수와 아래의 수를 계산하세요.	0	8	7	1	9	6
×8	0	64	56	8	72	48
×0	0	0	0	0	0	0
×9	0	72	63	9	81	54
×6	0	48	42	6	54	36
×7	0	56	49	7	63	42
×1	0	8	7	1	9	6

자기 점수에 ○표 하세요

맞힌 개수	25개 이하	26~30개	31~34개	35~36개
학습 방법	개념을 다시 공부하세요.	조금 더 노력하세요.	실수하면 안 돼요.	참 잘했어요.

4일차 B형

6, 7, 8, 9의 단 곱셈구구 (2)

월 일
분 초
/30

정답 37쪽

곱셈을 하세요.

① 9×6= 54 ② 6×9= 54 ③ 6×2= 12

④ 8×7= 56 ⑤ 8×5= 40 ⑥ 8×8= 64

⑦ 7×2= 14 ⑧ 9×9= 81 ⑨ 7×7= 49

⑩ 6×8= 48 ⑪ 7×8= 56 ⑫ 9×8= 72

⑬ 9×7= 63 ⑭ 8×9= 72 ⑮ 8×2= 16

⑯ 9×4= 36 ⑰ 8×3= 24 ⑱ 6×4= 24

⑲ 9×5= 45 ⑳ 7×6= 42 ㉑ 9×2= 18

㉒ 7×4= 28 ㉓ 9×3= 27 ㉔ 7×5= 35

㉕ 6×3= 18 ㉖ 7×9= 63 ㉗ 6×5= 30

㉘ 6×7= 42 ㉙ 6×6= 36 ㉚ 8×4= 32

자기 점수에 ○표 하세요

맞힌 개수	20개 이하	21~25개	26~28개	29~30개
학습 방법	개념을 다시 공부하세요.	조금 더 노력하세요.	실수하면 안 돼요.	참 잘했어요.

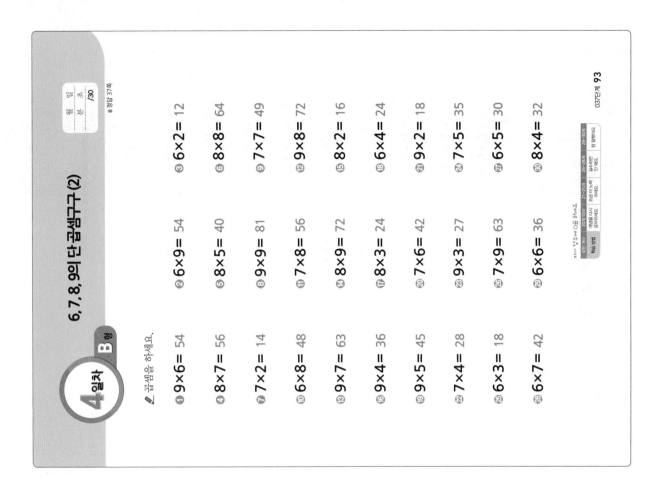

5일차 A형 6, 7, 8, 9의 단 곱셈구구 (2)

월 일
분 초
/36

다음 곱셈표의 빈칸을 채우세요.

위의 수와 아래의 수를 계산하세요.	9	6	0	8	1	7
×1	9	6	0	8	1	7
×8	72	48	0	64	8	56
×0	0	0	0	0	0	0
×7	63	42	0	56	7	49
×6	54	36	0	48	6	42
×9	81	54	0	72	9	63

자기 점수에 ○표 하세요.

맞힌 개수	25개 이하	26~30개	31~34개	35~36개
학습 방법	개념을 다시 공부하세요.	조금 더 노력 하세요.	실수하면 안 돼요.	참 잘했어요.

5일차 B형 6, 7, 8, 9의 단 곱셈구구 (2)

월 일
분 초
/30

정답 38쪽

이번 단계에서는 6, 7, 8, 9의 단 곱셈구구를 연습했습니다. 곱셈은 같은 수를 여러 번 더한 것과 같다는 규칙을 다시 한 번 상기시켜 주세요. 다음 단계에서는 지금까지 배웠던 곱셈구구를 총 복습합니다.

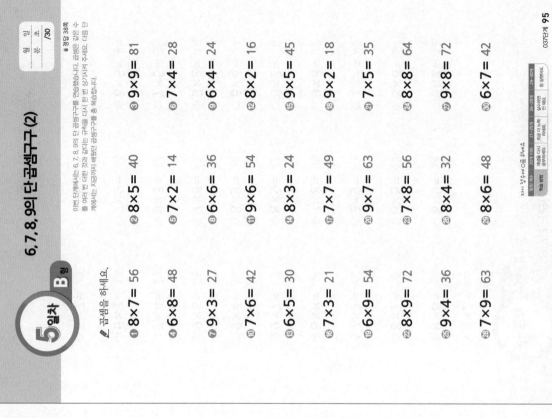

곱셈을 하세요.

❶ 8×7= 56 ❷ 8×5= 40 ❸ 9×9= 81

❹ 6×8= 48 ❺ 7×2= 14 ❻ 7×4= 28

❼ 9×3= 27 ❽ 6×6= 36 ❾ 6×4= 24

❿ 7×6= 42 ⓫ 9×6= 54 ⓬ 8×2= 16

⓭ 6×5= 30 ⓮ 8×3= 24 ⓯ 9×5= 45

⓰ 7×3= 21 ⓱ 7×7= 49 ⓲ 9×2= 18

⓳ 6×9= 54 ⓴ 9×7= 63 ㉑ 7×5= 35

㉒ 8×9= 72 ㉓ 7×8= 56 ㉔ 8×8= 64

㉕ 9×4= 36 ㉖ 8×4= 32 ㉗ 9×8= 72

㉘ 7×9= 63 ㉙ 8×6= 48 ㉚ 6×7= 42

자기 점수에 ○표 하세요.

맞힌 개수	20개 이하	21~25개	26~28개	29~30개
학습 방법	개념을 다시 공부하세요.	조금 더 노력 하세요.	실수하면 안 돼요.	참 잘했어요.

1일차 A형 곱셈구구 종합 (1)

월 일
분 초
/36

빈칸을 차근차근 채워 줘!

다음 곱셈표의 빈칸을 채우세요.

위의 수와 아래의 수를 계산하세요.	9	4	2	8	3	5
×7	63	28	14	56	21	35
×6	54	24	12	48	18	30
×3	27	12	6	24	9	15
×0	0	0	0	0	0	0
×4	36	16	8	32	12	20
×9	81	36	18	72	27	45

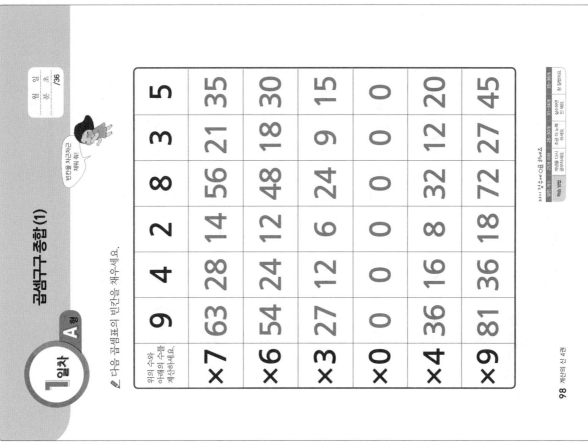

자기 점수에 ○표 하세요

맞힌 개수	25개 이하	26~30개	31~34개	35~36개
학습 방법	개념을 다시 공부하세요.	조금 더 노력하세요.	실수하면 안 돼요.	참 잘했어요.

1일차 B형 곱셈구구 종합 (1)

월 일
분 초
/30

곱셈구구를 잘 배우면 나눗셈도 쉬워져!

정답 39쪽

빈칸에 알맞은 수를 넣으세요.

① 8×[8]=64 ② 9×[4]=36 ③ 5×[7]=35

④ 4×[6]=24 ⑤ 3×[7]=21 ⑥ 6×[8]=48

⑦ 2×[8]=16 ⑧ 7×[9]=63 ⑨ 3×[2]=6

⑩ 5×[9]=45 ⑪ 9×[8]=72 ⑫ 8×[4]=32

⑬ 7×[7]=49 ⑭ 4×[4]=16 ⑮ 6×[5]=30

⑯ [9]×6=54 ⑰ [8]×3=24 ⑱ [6]×7=42

⑲ [4]×7=28 ⑳ [8]×5=40 ㉑ [3]×6=18

㉒ [2]×5=10 ㉓ [7]×6=42 ㉔ [6]×6=36

㉕ [9]×9=81 ㉖ [5]×5=25 ㉗ [8]×7=56

㉘ [8]×9=72 ㉙ [5]×4=20 ㉚ [2]×8=16

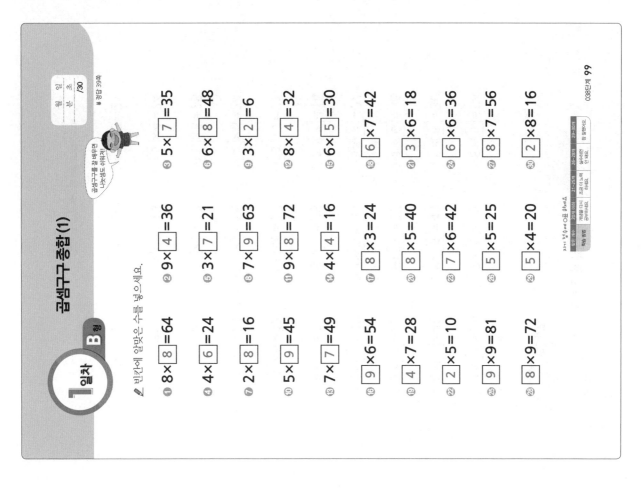

자기 점수에 ○표 하세요

맞힌 개수	20개 이하	21~25개	26~28개	29~30개
학습 방법	개념을 다시 공부하세요.	조금 더 노력하세요.	실수하면 안 돼요.	참 잘했어요.

2일차 A형 곱셈구구 종합 (1)

월 일 / 분 초 / /36

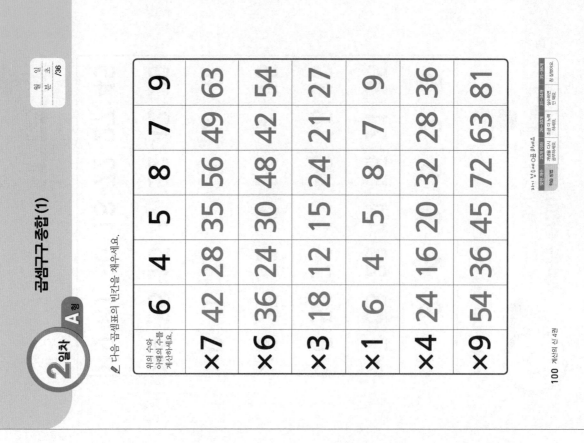

다음 곱셈표의 빈칸을 채우세요.

위의 수와 아래의 수를 계산하세요.	6	4	5	8	7	9
×7	42	28	35	56	49	63
×6	36	24	30	48	42	54
×3	18	12	15	24	21	27
×1	6	4	5	8	7	9
×4	24	16	20	32	28	36
×9	54	36	45	72	63	81

자기 점수에 ○표 하세요

맞힌 개수	25개 이하	26~30개	31~34개	35~36개
학습 방법	개념을 다시 공부하세요.	조금 더 노력 하세요.	실수하면 안 돼요.	참 잘했어요.

2일차 B형 곱셈구구 종합 (1)

월 일 / 분 초 / /30

정답 40쪽

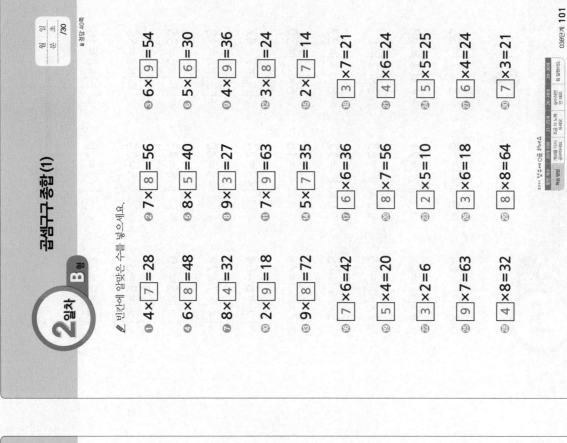

빈칸에 알맞은 수를 넣으세요.

① 4×[7]=28 ② 7×[8]=56 ③ 6×[9]=54

④ 6×[8]=48 ⑤ 8×[5]=40 ⑥ 5×[6]=30

⑦ 8×[4]=32 ⑧ 9×[3]=27 ⑨ 4×[9]=36

⑩ 2×[9]=18 ⑪ 7×[9]=63 ⑫ 3×[8]=24

⑬ 9×[8]=72 ⑭ 5×[7]=35 ⑮ 2×[7]=14

⑯ [7]×6=42 ⑰ [6]×6=36 ⑱ [3]×7=21

⑲ [5]×4=20 ⑳ [8]×7=56 ㉑ [4]×6=24

㉒ [3]×2=6 ㉓ [2]×5=10 ㉔ [5]×5=25

㉕ [9]×7=63 ㉖ [3]×6=18 ㉗ [6]×4=24

㉘ [4]×8=32 ㉙ [8]×8=64 ㉚ [7]×3=21

자기 점수에 ○표 하세요

맞힌 개수	20개 이하	21~25개	26~28개	29~30개
학습 방법	개념을 다시 공부하세요.	조금 더 노력 하세요.	실수하면 안 돼요.	참 잘했어요.

3일차 A형 곱셈구구 종합 (1)

월 일 / 분 초 / /36

다음 곱셈표의 빈칸을 채우세요.

위의 수와 아래의 수를 계산하세요.	4	8	5	6	9	3
×1	4	8	5	6	9	3
×6	24	48	30	36	54	18
×9	36	72	45	54	81	27
×2	8	16	10	12	18	6
×7	28	56	35	42	63	21
×5	20	40	25	30	45	15

자기 점수에 ○표 하세요

맞힌 개수	25개 이하	26~30개	31~34개	35~36개
학습 방법	개념을 다시 공부하세요.	조금 더 노력하세요.	실수하면 안 돼요.	참 잘했어요.

3일차 B형 곱셈구구 종합 (1)

월 일 / 분 초 / /30

정답 41쪽

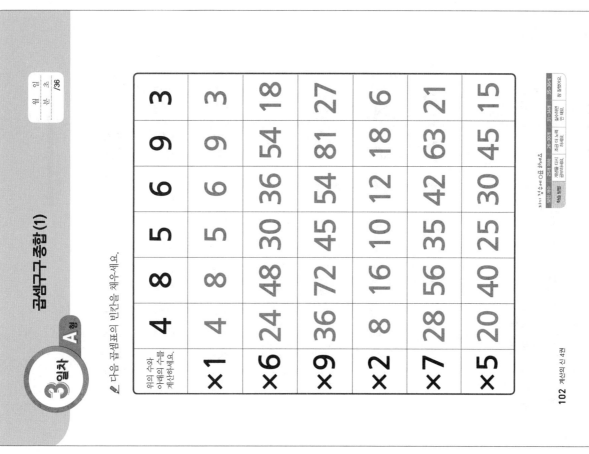

빈칸에 알맞은 수를 넣으세요.

① 6×[9]=54 ② 4×[7]=28 ③ 9×[4]=36

④ 5×[6]=30 ⑤ 6×[8]=48 ⑥ 3×[7]=21

⑦ 4×[2]=8 ⑧ 2×[8]=16 ⑨ 7×[9]=63

⑩ 8×[4]=32 ⑪ 5×[9]=45 ⑫ 9×[8]=72

⑬ 2×[9]=18 ⑭ 3×[8]=24 ⑮ 4×[4]=16

⑯ [7]×6=42 ⑰ [5]×3=15 ⑱ [7]×7=49

⑲ [5]×4=20 ⑳ [8]×5=40 ㉑ [3]×6=18

㉒ [3]×2=6 ㉓ [7]×3=21 ㉔ [6]×5=30

㉕ [9]×5=45 ㉖ [5]×5=25 ㉗ [6]×4=24

㉘ [8]×9=72 ㉙ [7]×4=28 ㉚ [4]×8=32

자기 점수에 ○표 하세요

맞힌 개수	20개 이하	21~25개	26~28개	29~30개
학습 방법	개념을 다시 공부하세요.	조금 더 노력하세요.	실수하면 안 돼요.	참 잘했어요.

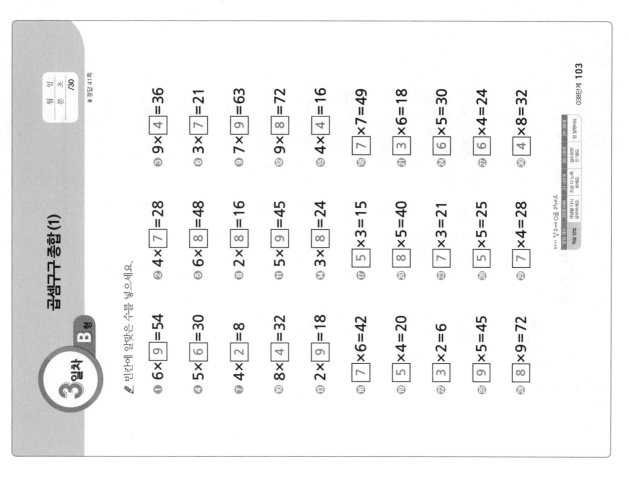

4일차 A형 곱셈구구 종합 (1)

월 일 / 분 초 / /36

다음 곱셈표의 빈칸을 채우세요.

위의 수와 아래의 수를 계산하세요.	4	8	9	3	7	6
×8	32	64	72	24	56	48
×5	20	40	45	15	35	30
×2	8	16	18	6	14	12
×3	12	24	27	9	21	18
×9	36	72	81	27	63	54
×6	24	48	54	18	42	36

자기 점수에 ○표 하세요

맞힌 개수	25개 이하	26~30개	31~34개	35~36개
학습 방법	개념을 다시 공부하세요.	조금 더 노력하세요.	실수하면 안 돼요.	참 잘했어요.

4일차 B형 곱셈구구 종합 (1)

월 일 / 분 초 / /30

정답 42쪽

빈칸에 알맞은 수를 넣으세요.

① 6×[3]=18 ② 2×[4]=8 ③ 9×[6]=54

④ 3×[5]=15 ⑤ 3×[9]=27 ⑥ 5×[7]=35

⑦ 9×[7]=63 ⑧ 4×[5]=20 ⑨ 2×[8]=16

⑩ 8×[4]=32 ⑪ 6×[7]=42 ⑫ 7×[8]=56

⑬ 7×[9]=63 ⑭ 5×[3]=15 ⑮ 3×[4]=12

⑯ [8]×6=48 ⑰ [8]×3=24 ⑱ [5]×2=10

⑲ [3]×7=21 ⑳ [9]×4=36 ㉑ [3]×3=9

㉒ [2]×9=18 ㉓ [4]×7=28 ㉔ [9]×9=81

㉕ [4]×8=32 ㉖ [9]×5=45 ㉗ [8]×8=64

㉘ [8]×5=40 ㉙ [7]×4=28 ㉚ [6]×9=54

자기 점수에 ○표 하세요

맞힌 개수	20개 이하	21~25개	26~28개	29~30개
학습 방법	개념을 다시 공부하세요.	조금 더 노력하세요.	실수하면 안 돼요.	참 잘했어요.

5일차 A형 곱셈구구 종합 (1)

월 일 분 초 /36

✎ 다음 곱셈표의 빈칸을 채우세요.

위의 수와 아래의 수를 계산하세요.	6	9	7	5	4	8
×8	48	72	56	40	32	64
×6	36	54	42	30	24	48
×7	42	63	49	35	28	56
×3	18	27	21	15	12	24
×9	54	81	63	45	36	72
×5	30	45	35	25	20	40

자기 점수에 ○표 하세요

맞힌 개수	25개 이하	26~30개	31~34개	35~36개
학습 방법	개념을 다시 공부하세요.	조금 더 노력하세요.	실수하면 안 돼요.	참 잘했어요.

5일차 B형 곱셈구구 종합 (1)

월 일 분 초 /30

정답 43쪽

이번 단계에서 곱셈구구를 종합적으로 학습하였고, 곱셈구구 범위 내에서 나눗셈도 미리 경험해 보았습니다. 다음 단계에서도 곱셈구구를 한 번 더 연습해 봅니다.

✎ 빈칸에 알맞은 수를 넣으세요.

① 9×[4]=36 ② 5×[7]=35 ③ 8×[8]=64

④ 4×[5]=20 ⑤ 3×[9]=27 ⑥ 7×[7]=49

⑦ 6×[4]=24 ⑧ 2×[8]=16 ⑨ 7×[8]=56

⑩ 8×[4]=32 ⑪ 5×[9]=45 ⑫ 9×[8]=72

⑬ 2×[9]=18 ⑭ 3×[8]=24 ⑮ 4×[4]=16

⑯ [7]×6=42 ⑰ [6]×9=54 ⑱ [5]×6=30

⑲ [3]×7=21 ⑳ [9]×2=18 ㉑ [3]×4=12

㉒ [2]×5=10 ㉓ [6]×8=48 ㉔ [6]×5=30

㉕ [3]×6=18 ㉖ [9]×5=45 ㉗ [8]×3=24

㉘ [8]×9=72 ㉙ [5]×4=20 ㉚ [7]×3=21

자기 점수에 ○표 하세요

맞힌 개수	20개 이하	21~25개	26~28개	29~30개
학습 방법	개념을 다시 공부하세요.	조금 더 노력하세요.	실수하면 안 돼요.	참 잘했어요.

1일차 A형 곱셈구구 종합 (2)

월 일
분 초
/30

곱셈구구가 곱셈의
기본이야!

빈칸에 알맞은 수를 넣으세요.

❶ $8\times\boxed{8}=64$	❷ $9\times\boxed{4}=36$	❸ $5\times\boxed{7}=35$
❹ $4\times\boxed{6}=24$	❺ $3\times\boxed{7}=21$	❻ $6\times\boxed{8}=48$
❼ $2\times\boxed{8}=16$	❽ $7\times\boxed{9}=63$	❾ $3\times\boxed{2}=6$
❿ $5\times\boxed{9}=45$	⓫ $\boxed{9}\times6=54$	⓬ $\boxed{3}\times8=24$
⓭ $\boxed{7}\times4=28$	⓮ $\boxed{8}\times5=40$	⓯ $\boxed{6}\times7=42$
⓰ $\boxed{3}\times6=18$	⓱ $\boxed{2}\times9=18$	⓲ $\boxed{7}\times7=49$
⓳ $\boxed{4}\times7=28$	⓴ $\boxed{6}\times4=24$	㉑ $8\times\boxed{7}=56$
㉒ $\boxed{5}\times5=25$	㉓ $7\times\boxed{3}=21$	㉔ $\boxed{9}\times3=27$
㉕ $8\times\boxed{6}=48$	㉖ $\boxed{6}\times9=54$	㉗ $4\times\boxed{8}=32$
㉘ $\boxed{3}\times9=27$	㉙ $2\times\boxed{6}=12$	㉚ $\boxed{9}\times7=63$

자기 점수에 ○표 하세요

맞힌 개수	20개 이하	21~25개	26~28개	29~30개
학습 방법	개념을 다시 공부하세요.	조금 더 노력하세요.	실수하면 안 돼요.	참 잘했어요.

1일차 B형 곱셈구구 종합 (2)

월 일
분 초
/30

같은 수를 2번
곱한 결과가 제곱수야!

정답 44쪽

빈칸에 알맞은 수를 넣으세요.

❶ $2\times\boxed{4}=8$	❷ $\boxed{8}\times3=24$	❸ $3\times\boxed{7}=21$
❹ $\boxed{6}\times9=54$	❺ $4\times\boxed{7}=28$	❻ $\boxed{5}\times3=15$
❼ $3\times\boxed{2}=6$	❽ $\boxed{6}\times3=18$	❾ $7\times\boxed{7}=49$
❿ $\boxed{8}\times6=48$	⓫ $3\times\boxed{3}=9$	⓬ $\boxed{2}\times6=12$
⓭ $5\times\boxed{7}=35$	⓮ $\boxed{6}\times6=36$	⓯ $9\times\boxed{5}=45$
⓰ $\boxed{4}\times6=24$	⓱ $2\times\boxed{9}=18$	⓲ $\boxed{3}\times9=27$
⓳ $7\times\boxed{3}=21$	⓴ $\boxed{9}\times3=27$	㉑ $7\times\boxed{5}=35$
㉒ $\boxed{6}\times5=30$	㉓ $7\times\boxed{9}=63$	㉔ $\boxed{4}\times3=12$
㉕ $8\times\boxed{9}=72$	㉖ $\boxed{8}\times5=40$	㉗ $7\times\boxed{2}=14$
㉘ $\boxed{8}\times8=64$	㉙ $4\times\boxed{9}=36$	㉚ $\boxed{5}\times4=20$

자기 점수에 ○표 하세요

맞힌 개수	20개 이하	21~25개	26~28개	29~30개
학습 방법	개념을 다시 공부하세요.	조금 더 노력하세요.	실수하면 안 돼요.	참 잘했어요.

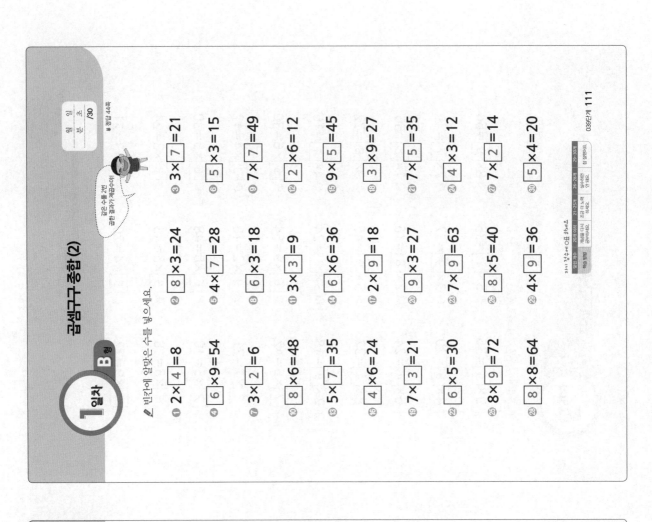

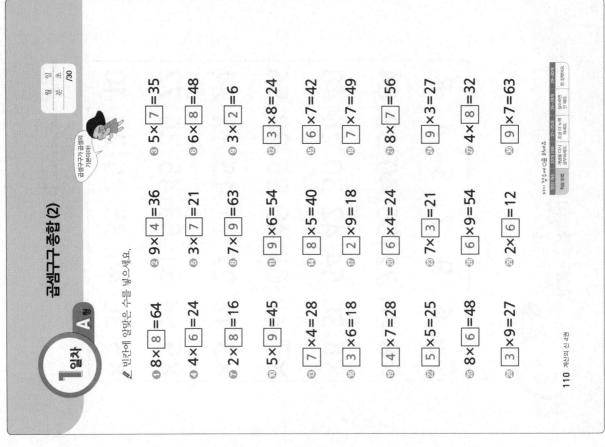

2일차 A형

곱셈구구 종합 (2)

월 일
분 초
/30

빈칸에 알맞은 수를 넣으세요.

❶ 3×[4]=12	❷ [6]×3=18	❸ 3×[9]=27
❹ [4]×8=32	❺ 2×[7]=14	❻ [5]×4=20
❼ 3×[8]=24	❽ [6]×8=48	❾ 4×[7]=28
❿ [7]×6=42	⓫ 3×[5]=15	⓬ [7]×2=14
⓭ 8×[7]=56	⓮ [4]×5=20	⓯ 9×[6]=54
⓰ [8]×3=24	⓱ 5×[7]=35	⓲ [4]×4=16
⓳ 7×[4]=28	⓴ [9]×5=45	㉑ 8×[2]=16
㉒ [3]×3=9	㉓ 6×[6]=36	㉔ [5]×9=45
㉕ 2×[6]=12	㉖ [8]×5=40	㉗ 9×[2]=18
㉘ [4]×6=24	㉙ 7×[7]=49	㉚ [9]×8=72

자기 점수에 ○표 하세요

맞힌 개수	20개 이하	21~25개	26~28개	29~30개
학습 방법	개념을 다시 공부하세요.	조금 더 노력하세요.	실수하면 안 돼요.	참 잘했어요.

2일차 B형

곱셈구구 종합 (2)

월 일
분 초
/30

정답 45쪽

빈칸에 알맞은 수를 넣으세요.

❶ 4×[5]=20	❷ [7]×3=21	❸ 8×[8]=64
❹ [5]×7=35	❺ 6×[5]=30	❻ [9]×6=54
❼ 5×[9]=45	❽ [4]×7=28	❾ 2×[4]=8
❿ [3]×7=21	⓫ 4×[9]=36	⓬ [3]×2=6
⓭ 8×[7]=56	⓮ [3]×8=24	⓯ 8×[5]=40
⓰ [9]×4=36	⓱ 4×[8]=32	⓲ [5]×5=25
⓳ 2×[6]=12	⓴ [6]×6=36	㉑ 6×[8]=48
㉒ [3]×5=15	㉓ 2×[8]=16	㉔ [7]×4=28
㉕ 4×[3]=12	㉖ [3]×9=27	㉗ 8×[6]=48
㉘ [8]×9=72	㉙ 6×[7]=42	㉚ [9]×3=27

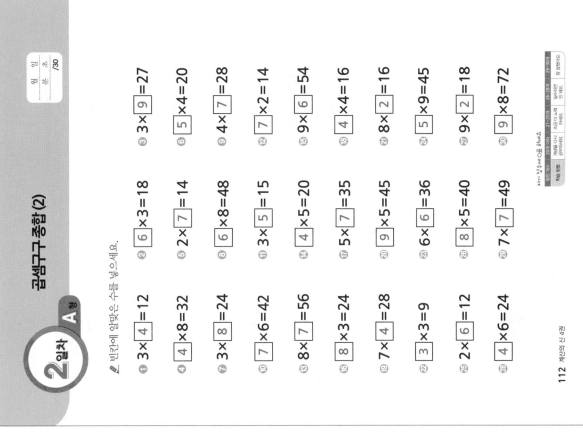

자기 점수에 ○표 하세요

맞힌 개수	20개 이하	21~25개	26~28개	29~30개
학습 방법	개념을 다시 공부하세요.	조금 더 노력하세요.	실수하면 안 돼요.	참 잘했어요.

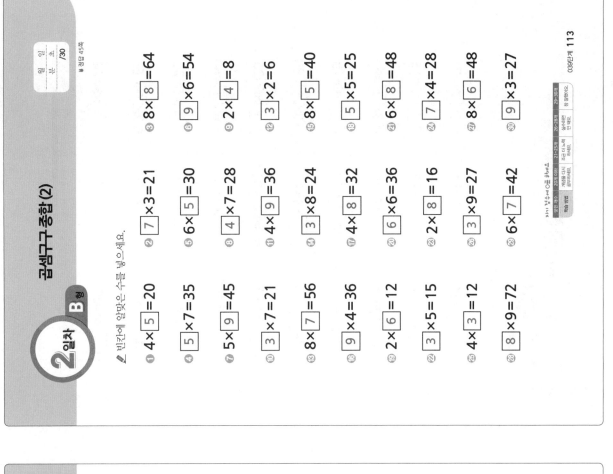

3일차 A형 곱셈구구 종합 (2)

월 일 분 초 /30

빈칸에 알맞은 수를 넣으세요.

❶ 3×[8]=24	❷ [4]×3=12	❸ 8×[7]=56
❹ [5]×4=20	❺ 4×[9]=36	❻ [2]×8=16
❼ 3×[3]=9	❽ [7]×7=49	❾ 6×[7]=42
⑩ [8]×2=16	⑪ 2×[9]=18	⑫ [6]×4=24
⑬ 7×[3]=21	⑭ [9]×6=54	⑮ 9×[3]=27
⑯ [4]×4=16	⑰ 8×[9]=72	⑱ [5]×9=45
⑲ 6×[5]=30	⑳ [9]×9=81	㉑ 7×[4]=28
㉒ [4]×5=20	㉓ 5×[3]=15	㉔ [8]×4=32
㉕ 6×[6]=36	㉖ [5]×7=35	㉗ 6×[3]=18
㉘ [7]×8=56	㉙ 3×[6]=18	㉚ [8]×3=24

자기 점수에 ○표 하세요.

맞은 개수	20개 이하	21~25개	26~28개	29~30개
학습 방법	개념을 다시 공부하세요.	조금 더 노력하세요.	실수하면 안 돼요.	참 잘했어요.

3일차 B형 곱셈구구 종합 (2)

월 일 분 초 /30

▮정답 46쪽

빈칸에 알맞은 수를 넣으세요.

❶ 8×[8]=64	❷ [9]×6=54	❸ 5×[7]=35
❹ [8]×3=24	❺ 3×[7]=21	❻ [5]×3=15
❼ 2×[8]=16	❽ [4]×7=28	❾ 3×[2]=6
⑩ [8]×5=40	⑪ 9×[8]=72	⑫ [3]×6=18
⑬ 7×[7]=49	⑭ [9]×3=27	⑮ 6×[5]=30
⑯ [2]×5=10	⑰ 8×[4]=32	⑱ [6]×6=36
⑲ 5×[9]=45	⑳ [2]×9=18	㉑ 6×[8]=48
㉒ [7]×6=42	㉓ 4×[4]=16	㉔ [5]×5=25
㉕ 4×[6]=24	㉖ [8]×7=56	㉗ 7×[9]=63
㉘ [5]×4=20	㉙ 9×[4]=36	㉚ [3]×8=24

자기 점수에 ○표 하세요.

맞은 개수	20개 이하	21~25개	26~28개	29~30개
학습 방법	개념을 다시 공부하세요.	조금 더 노력하세요.	실수하면 안 돼요.	참 잘했어요.

4일차 A형

곱셈구구 종합 (2)

월 일 / 분 초 / /30

빈칸에 알맞은 수를 넣으세요.

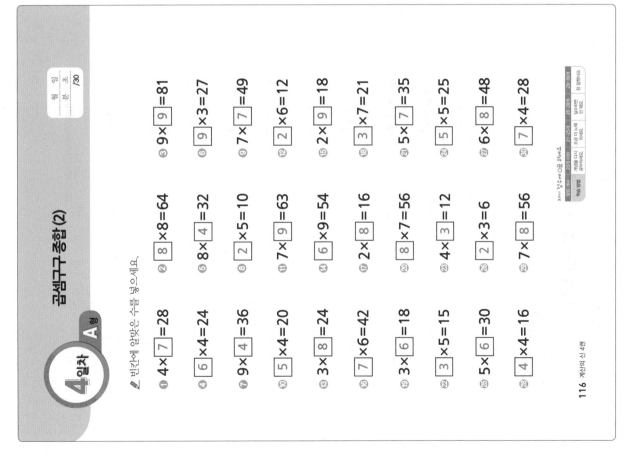

① 4×[7]=28	② [8]×8=64	③ 9×[9]=81
④ [6]×4=24	⑤ 8×[4]=32	⑥ [9]×3=27
⑦ 9×[4]=36	⑧ [2]×5=10	⑨ 7×[7]=49
⑩ [5]×4=20	⑪ 7×[9]=63	⑫ [2]×6=12
⑬ 3×[8]=24	⑭ [6]×9=54	⑮ 2×[9]=18
⑯ [7]×6=42	⑰ 2×[8]=16	⑱ [3]×7=21
⑲ 3×[6]=18	⑳ [8]×7=56	㉑ 5×[7]=35
㉒ [3]×5=15	㉓ 4×[3]=12	㉔ [5]×5=25
㉕ 5×[6]=30	㉖ [2]×3=6	㉗ 6×[8]=48
㉘ [4]×4=16	㉙ 7×[8]=56	㉚ [7]×4=28

자기 점수에 ○표 하세요

맞힌 개수	20개 이하	21~25개	26~28개	29~30개
학습 방법	개념을 다시 공부하세요.	조금 더 노력하세요.	실수하면 안 돼요.	참 잘했어요.

4일차 B형

곱셈구구 종합 (2)

월 일 / 분 초 / /30

정답 47쪽

빈칸에 알맞은 수를 넣으세요.

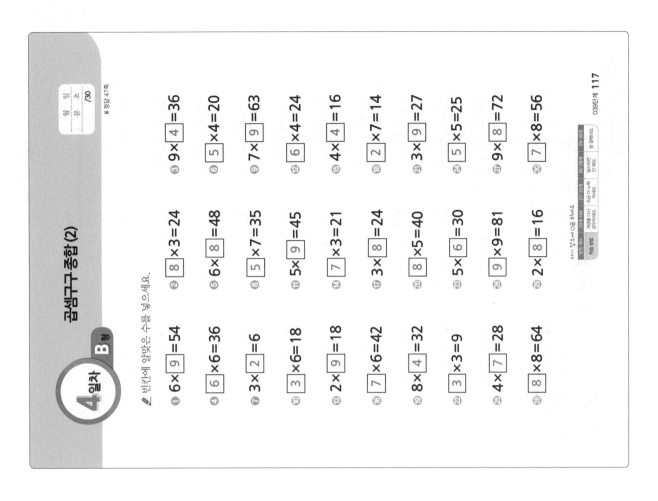

① 6×[9]=54	② [8]×3=24	③ 9×[4]=36
④ [6]×6=36	⑤ 6×[8]=48	⑥ [5]×4=20
⑦ 3×[2]=6	⑧ [5]×7=35	⑨ 7×[9]=63
⑩ [3]×6=18	⑪ 5×[9]=45	⑫ [6]×4=24
⑬ 2×[9]=18	⑭ [7]×3=21	⑮ 4×[4]=16
⑯ [7]×6=42	⑰ 3×[8]=24	⑱ [2]×7=14
⑲ 8×[4]=32	⑳ [8]×5=40	㉑ 3×[9]=27
㉒ [3]×3=9	㉓ 5×[6]=30	㉔ [5]×5=25
㉕ 4×[7]=28	㉖ [9]×9=81	㉗ 9×[8]=72
㉘ [8]×8=64	㉙ 2×[8]=16	㉚ [7]×8=56

자기 점수에 ○표 하세요

맞힌 개수	20개 이하	21~25개	26~28개	29~30개
학습 방법	개념을 다시 공부하세요.	조금 더 노력하세요.	실수하면 안 돼요.	참 잘했어요.

5일차 A형 곱셈구구 종합 (2)

월 일
분 초
/30

빈칸에 알맞은 수를 넣으세요.

❶ $4\times\boxed{3}=12$	❷ $\boxed{3}\times7=21$	❸ $9\times\boxed{6}=54$
❹ $\boxed{8}\times8=64$	❺ $3\times\boxed{9}=27$	❻ $\boxed{4}\times7=28$
❼ $8\times\boxed{7}=56$	❽ $\boxed{6}\times4=24$	❾ $2\times\boxed{8}=16$
❿ $\boxed{9}\times9=81$	⓫ $6\times\boxed{7}=42$	⓬ $\boxed{6}\times3=18$
⓭ $7\times\boxed{9}=63$	⓮ $\boxed{9}\times8=72$	⓯ $3\times\boxed{4}=12$
⓰ $\boxed{8}\times6=48$	⓱ $4\times\boxed{5}=20$	⓲ $\boxed{5}\times2=10$
⓳ $2\times\boxed{4}=8$	⓴ $\boxed{9}\times4=36$	㉑ $3\times\boxed{5}=15$
㉒ $\boxed{2}\times9=18$	㉓ $5\times\boxed{7}=35$	㉔ $\boxed{9}\times7=63$
㉕ $8\times\boxed{4}=32$	㉖ $\boxed{9}\times5=45$	㉗ $7\times\boxed{8}=56$
㉘ $\boxed{8}\times5=40$	㉙ $5\times\boxed{3}=15$	㉚ $\boxed{7}\times7=49$

자기 점수에 ○표 하세요

맞힌 개수	20개 이하	21~25개	26~28개	29~30개
학습 방법	개념을 다시 공부하세요.	조금 더 노력하세요.	실수하면 안 돼요.	참 잘했어요.

5일차 B형 곱셈구구 종합 (2)

월 일
분 초
/30

정답 48쪽

이번 단계에서는 곱셈구구를 총정리하면서 제곱수의 개념을 익혔습니다.
다음 단계에서는 길이의 합과 차를 배웁니다.

빈칸에 알맞은 수를 넣으세요.

❶ $9\times\boxed{4}=36$	❷ $\boxed{6}\times9=54$	❸ $8\times\boxed{8}=64$
❹ $\boxed{3}\times6=18$	❺ $3\times\boxed{4}=12$	❻ $\boxed{3}\times7=21$
❼ $7\times\boxed{9}=63$	❽ $\boxed{5}\times7=35$	❾ $7\times\boxed{8}=56$
❿ $\boxed{8}\times3=24$	⓫ $6\times\boxed{4}=24$	⓬ $\boxed{3}\times9=27$
⓭ $4\times\boxed{4}=16$	⓮ $\boxed{5}\times8=40$	⓯ $2\times\boxed{9}=18$
⓰ $\boxed{7}\times4=28$	⓱ $5\times\boxed{9}=45$	⓲ $\boxed{7}\times6=42$
⓳ $3\times\boxed{5}=15$	⓴ $\boxed{9}\times7=63$	㉑ $8\times\boxed{4}=32$
㉒ $\boxed{2}\times5=10$	㉓ $9\times\boxed{8}=72$	㉔ $\boxed{6}\times5=30$
㉕ $7\times\boxed{7}=49$	㉖ $\boxed{9}\times5=45$	㉗ $2\times\boxed{8}=16$
㉘ $\boxed{8}\times9=72$	㉙ $4\times\boxed{7}=28$	㉚ $\boxed{5}\times4=20$

자기 점수에 ○표 하세요

맞힌 개수	20개 이하	21~25개	26~28개	29~30개
학습 방법	개념을 다시 공부하세요.	조금 더 노력하세요.	실수하면 안 돼요.	참 잘했어요.

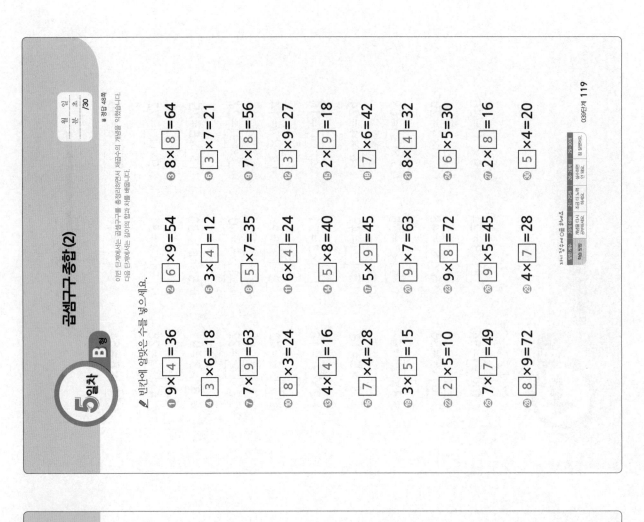

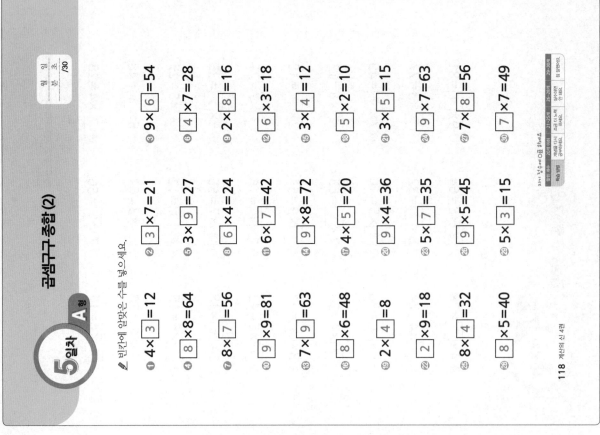

세 단계 묶어 풀기 O37 ~ O39단계
6~9의 단 곱셈구구/곱셈구구 종합

월 일
분 초
/36

정답 49쪽

다음 곱셈표의 빈칸을 채우세요.

위의 수와 아래의 수를 계산하세요.	4	2	8	6	9	7
×3	12	6	24	18	27	21
×0	0	0	0	0	0	0
×5	20	10	40	30	45	35
×1	4	2	8	6	9	7
×6	24	12	48	36	54	42
×8	32	16	64	48	72	56

120 계산의 신 4권

1일차 A형 계산의 활용-길이의 합과 차

월 일
분 초
/12

m는 m끼리, cm는 cm끼리 계산해!

계산을 하세요.

❶ 1m 20cm + 4m 30cm = 5m 50cm

❷ 2m 30cm + 8m 40cm = 10m 70cm

❸ 8m 15cm + 4m 55cm = 12m 70cm

❹ 2m 68cm + 1m 25cm = 3m 93cm

❺ 2m 70cm + 5m 50cm = 8m 20cm

❻ 9m 45cm + 3m 83cm = 13m 28cm

❼ 8m 47cm − 4m 25cm = 4m 22cm

❽ 15m 62cm − 8m 12cm = 7m 50cm

❾ 7m 83cm − 5m 29cm = 2m 54cm

❿ 3m 50cm − 1m 35cm = 2m 15cm

⓫ 8m 16cm − 2m 72cm = 5m 44cm

⓬ 9m 39cm − 5m 86cm = 3m 53cm

자기 점수에 ○표 하세요

맞힌 개수	6개 이하	7~8개	9~10개	11~12개
학습 방법	개념을 다시 공부하세요.	조금 더 노력하세요.	실수하면 안 돼요.	참 잘했어요.

1일차 B형 계산의 활용-길이의 합과 차

월 일
분 초
/6

cm, m끼리 계산할 때 받아올림, 받아내림을 이용해!

정답 50쪽

빈칸에 알맞은 수를 넣으세요.

❶ 3m 40cm+5m 20cm=(3+5)m+(40+20)cm
=8m 60cm

❷ 2m 15cm+4m 57cm=(2+4)m+(15+57)cm
=6m 72cm

❸ 5m 29cm+1m 85cm=(5+1)m+(29+85)cm
=6m 114cm
=7m 14cm

❹ 6m 47cm−4m 20cm=(6−4)m+(47−20)cm
=2m 27cm

❺ 8m 65cm−3m 27cm=(8−3)m+(65−27)cm
=5m 38cm

❻ 7m 55cm−1m 83cm=(7−1)m+(55−83)cm
=(6−1)m+(155−83)cm
=5m 72cm

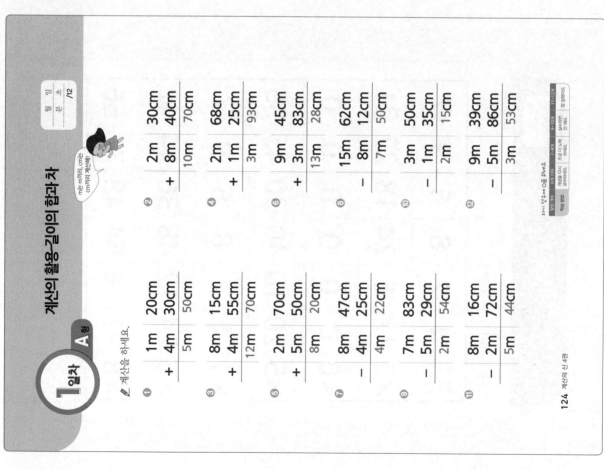

자기 점수에 ○표 하세요

맞힌 개수	3개 이하	4개	5개	6개
학습 방법	개념을 다시 공부하세요.	조금 더 노력하세요.	실수하면 안 돼요.	참 잘했어요.

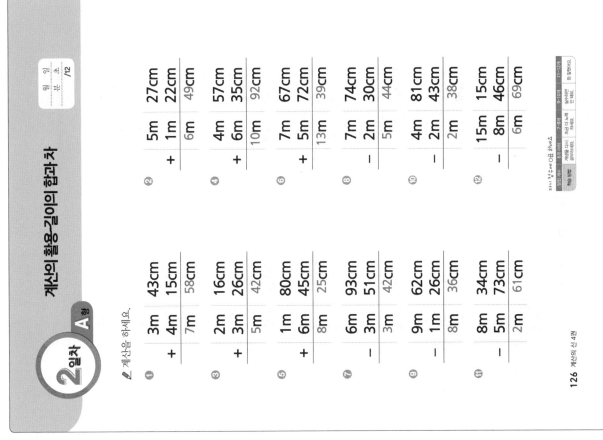

2일차 A형 계산의 활용-길이의 합과 차

월 일 / 분 초 / /12

계산을 하세요.

①		3m	43cm
	+	4m	15cm
		7m	58cm
②		5m	27cm
	+	1m	22cm
		6m	49cm
③		2m	16cm
	+	3m	26cm
		5m	42cm
④		4m	57cm
	+	6m	35cm
		10m	92cm
⑤		1m	80cm
	+	6m	45cm
		8m	25cm
⑥		7m	67cm
	+	5m	72cm
		13m	39cm
⑦		6m	93cm
	−	3m	51cm
		3m	42cm
⑧		7m	74cm
	−	2m	30cm
		5m	44cm
⑨		9m	62cm
	−	1m	26cm
		8m	36cm
⑩		4m	81cm
	−	2m	43cm
		2m	38cm
⑪		8m	34cm
	−	5m	73cm
		2m	61cm
⑫		15m	15cm
	−	8m	46cm
		6m	69cm

자기 점수에 ○표 하세요

맞힌 개수	6개 이하	7~8개	9~10개	11~12개
학습 방법	개념을 다시 공부하세요.	조금 더 노력하세요.	실수하면 안 돼요.	참 잘했어요.

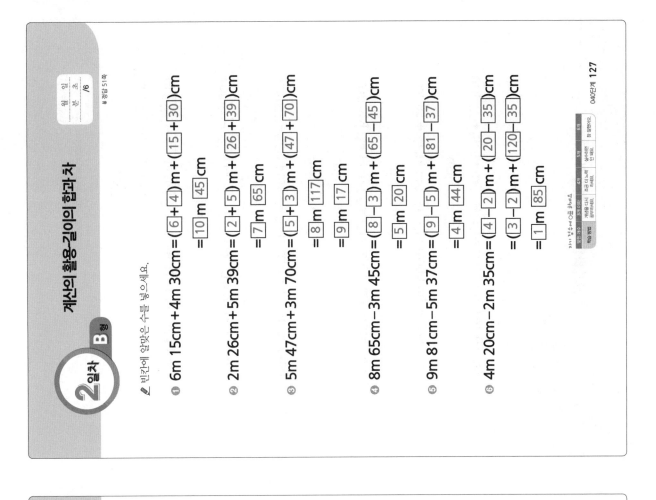

2일차 B형 계산의 활용-길이의 합과 차

월 일 / 분 초 / /6

정답 51쪽

빈칸에 알맞은 수를 넣으세요.

❶ 6m 15cm+4m 30cm=(6+4)m+(15+30)cm
=10m 45cm

❷ 2m 26cm+5m 39cm=(2+5)m+(26+39)cm
=7m 65cm

❸ 5m 47cm+3m 70cm=(5+3)m+(47+70)cm
=8m 117cm
=9m 17cm

❹ 8m 65cm−3m 45cm=(8−3)m+(65−45)cm
=5m 20cm

❺ 9m 81cm−5m 37cm=(9−5)m+(81−37)cm
=4m 44cm

❻ 4m 20cm−2m 35cm=(4−2)m+(20−35)cm
=(3−2)m+(120−35)cm
=1m 85cm

자기 점수에 ○표 하세요

맞힌 개수	3개 이하	4개	5개	6개
학습 방법	개념을 다시 공부하세요.	조금 더 노력하세요.	실수하면 안 돼요.	참 잘했어요.

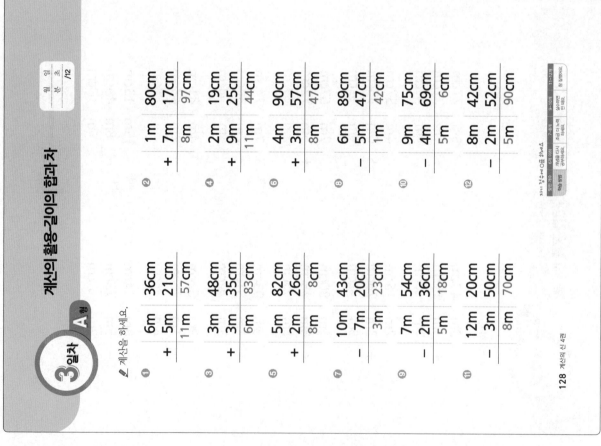

3일차 A형 계산의 활용-길이의 합과 차

월 일 / 분 초 / /12

계산을 하세요.

❶

	6m	36cm
+	5m	21cm
	11m	57cm

❷

	1m	80cm
+	7m	17cm
	8m	97cm

❸

	3m	48cm
+	3m	35cm
	6m	83cm

❹

	2m	19cm
+	9m	25cm
	11m	44cm

❺

	5m	82cm
+	2m	26cm
	8m	8cm

❻

	4m	90cm
+	3m	57cm
	8m	47cm

❼

	10m	43cm
−	7m	20cm
	3m	23cm

❽

	6m	89cm
−	5m	47cm
	1m	42cm

❾

	7m	54cm
−	2m	36cm
	5m	18cm

❿

	9m	75cm
−	4m	69cm
	5m	6cm

⓫

	12m	20cm
−	3m	50cm
	8m	70cm

⓬

	8m	42cm
−	2m	52cm
	5m	90cm

자기 점수에 ○표 하세요.

맞힌 개수	6개 이하	7~8개	9~10개	11~12개
학습 방법	개념을 다시 공부하세요.	조금 더 노력하세요.	실수하면 안 돼요.	참 잘했어요.

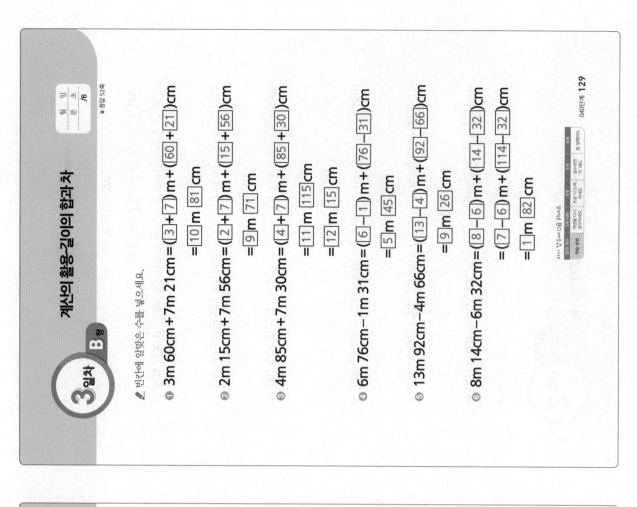

3일차 B형 계산의 활용-길이의 합과 차

월 일 / 분 초 / /6

정답 52쪽

빈칸에 알맞은 수를 넣으세요.

❶ 3m 60cm+7m 21cm=([3]+[7])m+([60]+[21])cm
=[10]m [81]cm

❷ 2m 15cm+7m 56cm=([2]+[7])m+([15]+[56])cm
=[9]m [71]cm

❸ 4m 85cm+7m 30cm=([4]+[7])m+([85]+[30])cm
=[11]m [115]cm
=[12]m [15]cm

❹ 6m 76cm−1m 31cm=([6]−[1])m+([76]−[31])cm
=[5]m [45]cm

❺ 13m 92cm−4m 66cm=([13]−[4])m+([92]−[66])cm
=[9]m [26]cm

❻ 8m 14cm−6m 32cm=([8]−[6])m+([14]−[32])cm
=([7]−[6])m+([114]−[32])cm
=[1]m [82]cm

자기 점수에 ○표 하세요.

맞힌 개수	3개 이하	4개	5개	6개
학습 방법	개념을 다시 공부하세요.	조금 더 노력하세요.	실수하면 안 돼요.	참 잘했어요.

4일차 A형 계산의 활용-길이의 합과 차

월 일 / 분 초 / /12

계산을 하세요.

❶ 3m 17cm + 8m 52cm = 11m 69cm

❷ 4m 24cm + 6m 62cm = 10m 86cm

❸ 5m 38cm + 7m 17cm = 12m 55cm

❹ 5m 24cm + 6m 56cm = 11m 80cm

❺ 1m 29cm + 7m 85cm = 9m 14cm

❻ 6m 74cm + 2m 45cm = 9m 19cm

❼ 9m 73cm − 5m 41cm = 4m 32cm

❽ 8m 56cm − 2m 24cm = 6m 32cm

❾ 5m 82cm − 3m 19cm = 2m 63cm

❿ 6m 48cm − 3m 29cm = 3m 19cm

⓫ 10m 25cm − 4m 62cm = 5m 63cm

⓬ 7m 38cm − 1m 74cm = 5m 64cm

자기 점수에 ○표 하세요

맞힌 개수	6개 이하	7~8개	9~10개	11~12개
학습 방법	개념을 다시 공부하세요.	조금 더 노력하세요.	실수하면 안 돼요.	참 잘했어요.

4일차 B형 계산의 활용-길이의 합과 차

월 일 / 분 초 / /6

정답 53쪽

빈칸에 알맞은 수를 넣으세요.

❶ 8m 11cm+2m 33cm=(8+2)m+(11+33)cm
=10m 44cm

❷ 5m 26cm+3m 34cm=(5+3)m+(26+34)cm
=8m 60cm

❸ 2m 72cm+1m 55cm=(2+1)m+(72+55)cm
=3m 127cm
=4m 27cm

❹ 8m 54cm−7m 23cm=(8−7)m+(54−23)cm
=1m 31cm

❺ 9m 67cm−3m 49cm=(9−3)m+(67−49)cm
=6m 18cm

❻ 7m 38cm−2m 56cm=(7−2)m+(38−56)cm
=(6−2)m+(138−56)cm
=4m 82cm

자기 점수에 ○표 하세요

맞힌 개수	3개 이하	4개	5개	6개
학습 방법	개념을 다시 공부하세요.	조금 더 노력하세요.	실수하면 안 돼요.	참 잘했어요.

5일차 A형 계산의 활용-길이의 합과 차

월 일 / 분 초 / /12

계산을 하세요.

❶ 4m 53cm + 2m 16cm = 6m 69cm

❷ 5m 31cm + 3m 45cm = 8m 76cm

❸ 1m 19cm + 2m 42cm = 3m 61cm

❹ 7m 38cm + 2m 47cm = 9m 85cm

❺ 6m 74cm + 5m 51cm = 12m 25cm

❻ 3m 22cm + 4m 85cm = 8m 7cm

❼ 4m 86cm − 3m 24cm = 1m 62cm

❽ 7m 93cm − 5m 10cm = 2m 83cm

❾ 6m 73cm − 1m 44cm = 5m 29cm

❿ 8m 71cm − 2m 55cm = 6m 16cm

⓫ 5m 23cm − 2m 33cm = 2m 90cm

⓬ 9m 12cm − 5m 75cm = 3m 37cm

자기 점수에 ○표 하세요

맞힌 개수	6개 이하	7~8개	9~10개	11~12개
학습 방법	개념을 다시 공부하세요.	조금 더 노력하세요.	실수하면 안 돼요.	참 잘했어요.

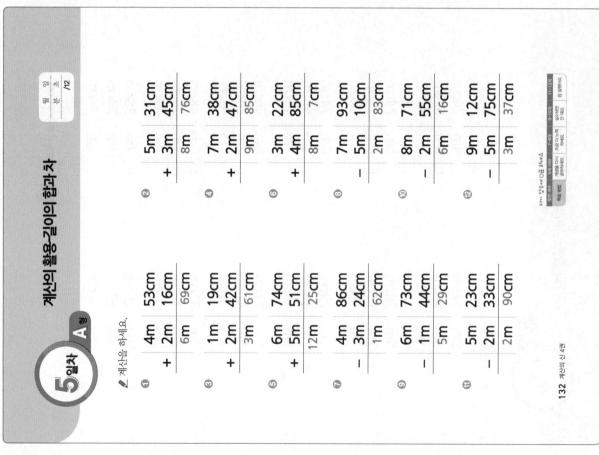

5일차 B형 계산의 활용-길이의 합과 차

월 일 / 분 초 / /6

정답 54쪽

이번 단계에서는 길이의 합과 차를 배웠습니다. 5권에서는 세 자리 수의 덧셈과 뺄셈, (두 자리 수)×(한 자리 수)를 배웁니다.

빈칸에 알맞은 수를 넣으세요.

❶ 7m 47cm+5m 51cm=(7+5)m+(47+51)cm
=12m 98cm

❷ 1m 17cm+5m 28cm=(1+5)m+(17+28)cm
=6m 45cm

❸ 4m 85cm+3m 57cm=(4+3)m+(85+57)cm
=7m 142cm
=8m 42cm

❹ 10m 71cm−8m 40cm=(10−8)m+(71−40)cm
=2m 31cm

❺ 6m 60cm−4m 19cm=(6−4)m+(60−19)cm
=2m 41cm

❻ 9m 34cm−1m 82cm=(9−1)m+(34−82)cm
=(8−1)m+(134−82)cm
=7m 52cm

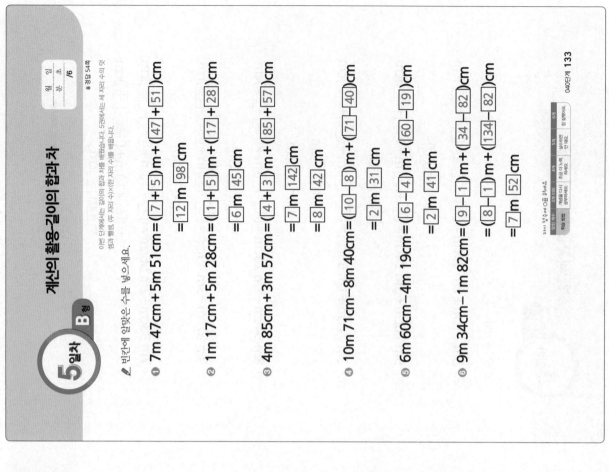

자기 점수에 ○표 하세요

맞힌 개수	3개 이하	4개	5개	6개
학습 방법	개념을 다시 공부하세요.	조금 더 노력하세요.	실수하면 안 돼요.	참 잘했어요.

전체 묶어 풀기 031 ~ 040단계
네 자리 수/곱셈구구

월 일
분 초
/21

정답 55쪽

빈칸에 알맞은 수를 써넣으세요.

① 2589 = 2000 + [500] + [80] + 9

② 4237 = [4000] + 200 + [30] + 7

③ 1561 = [1000] + [500] + 60 + 1

④ 7036 = [7000] + [30] + 6

⑤ 8962 = [8000] + [900] + [60] + [2]

⑥ 7+7+7+7+7+7+7 = [7] × [7] = [49]

⑦ 3+3+3+3+3+3+3+3 = [3] × [8] = [24]

⑧ 9+9+9+9+9 = [9] × [5] = [45]

⑨ 8+8+8+8+8+8 = [8] × [6] = [48]

⑩ 6 × [7] = 42
⑪ [9] × 4 = 36
⑫ 3 × [7] = 21

⑬ 8 × [9] = 72
⑭ [7] × 2 = 14
⑮ [5] × 4 = 20

⑯ 7 × [6] = 42
⑰ [8] × 8 = 64
⑱ 4 × [9] = 36

⑲ 9 × [2] = 18
⑳ [8] × 7 = 56
㉑ [3] × 9 = 27

신(神)의 Note

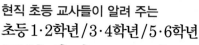